智慧农业产业发展研究

李守林 等著

中国农业科学技术出版社

图书在版编目（CIP）数据

智慧农业产业发展研究 / 李守林，郭伟亚著 . -- 北京：中国农业科学技术出版社，2022.9
　ISBN 978-7-5116-5891-3

Ⅰ. ①智… Ⅱ. ①李… ②郭… Ⅲ. ①信息技术—应用—农业产业—产业发展—研究—中国 Ⅳ. ① F323

中国版本图书馆 CIP 数据核字（2022）第 157624 号

责任编辑　金　迪
责任校对　王　彦
责任印制　姜义伟　王思文

出版发行　中国农业科学技术出版社
　　　　　北京市中关村南大街12号　邮编：100081
电　　话　（010）82106625（编辑室）　（010）82109702（发行部）
　　　　　（010）82109709（读者服务部）
传　　真　（010）82106632
网　　址　http：//www.castp.cn
经 销 者　各地新华书店
印 刷 者　北京建宏印刷有限公司
开　　本　185mm×260mm　1/16
印　　张　7.25
字　　数　180千字
版　　次　2022年9月第1版　2022年9月第1次印刷
定　　价　86.00元

━━◁ 版权所有·侵权必究 ▷━━

前　言

农业是事关国家发展和人民生活的重要产业，是一个社会能够正常健康发展的重要基础，尤其是我国面临人口众多但耕地较少的现状，农业发展的不足与人口、资源、环境的冲突越来越突出，农业问题备受关注。近年来，随着技术发展和产业更新，我国农业产业正处于传统农业模式向现代农业转型的关键时期，由于社会的全面发展和人民生活水平的提高，对农产品的总体需求呈现迅速增长的态势，对农产品的供需关系呈现基本平衡、结构短缺的特征，虽然基础农产品能够满足日常所需，但高经济农产品的供应仍然存在大量缺口，存在各地农业发展不均衡的问题，保障重要农产品的供需关系和有效供给的任务日益繁重。

我国耕地资源、水资源、农业人口资源的约束日益趋紧，农田分布不均匀，绝大部分耕地都分布在水资源紧缺的干旱、半干旱地区，近 2/3 都是中低产农田或小规模农田，发展空间有限，尤其是当前国际农业危机凸显，我国农业发展不仅要面临生产过程中的诸多问题，还面临着农产品价格波动、国际环境复杂多变等不确定性因素的影响。

近年来，随着信息技术的快速发展，如大数据技术、物联网技术、智能设备、云计算、现代通信技术等，利用信息技术助力农业发展，推动农业领域"互联网"的发展与变革，已成为各地区从传统农业向智慧农业转型的必然选择。党中央、国务院高度重视智慧农业发展，持续推进新一代信息技术与农业生产经营的深度融合。2012—2021 年，中央一号文件连续十年发布了与现代化农业、农业科技创新、"互联网＋农业"以及乡村振兴等相关政策，在智慧农业、生物育种、农机装备等领域陆续出台一系列鼓励政策与扶持举措。2012—2014 年重点关注农业发展的信息化和数字化，2014—2017 年重点关注农业发展的网络化，2017—2021 年重点关注农业发展的智能化和智慧化，引导智慧农业发展实现从数字化到网络化到智能化的过渡。2021 年中央一号文件指出："发展智慧农业，建立农业农村大数据体系，推动新一代信息技术与农业生产经营深度融合。"如何利用现代信息技术改造农业、引领农业、发展农业，提高农业的劳动生产率与核心竞争力，加快我国农业现代化建设步伐，已成为亟须解决的问题。

智慧农业是将传统农业的种植经验和现代科学技术相结合，将自动化、无人化、智能化等现代理念引入农业管理，充分发挥和释放传统农业多年积累的土地智慧。智慧农业作为领先的农业生产方式，是中国农业4.0的核心内容，通过将新一代信息技术和传统农业技术的深度融合，实现农业信息智能感知、农业管理智能决策、农业设备智能控制、农业经济精准投入以及特色化产业服务，成为改变农业产业生态面貌的新动能，对现代农业发展具有里程碑意义。智慧农业的发展能充分发挥信息技术在农业产业中的资源配置和优化作用，集中优势产业，进而突破农业生产、经营、管理、服务全过程长期存在的症结和难题，推动农业产业的转方式、调结构、转型升级，提升农业整体的创新力和生产力，以加快农业全面健康发展。

本书全面系统地阐述了智慧农业的相关理论、国内外发展情况、产业发展对策和技术发展趋势，共分为五章内容。第一章为智慧农业基本理论概述，主要介绍智慧农业的概念、发展历程、关键技术和意义；第二章为国内外智慧农业发展情况概述，分别对国外智慧农业发展情况和国内智慧农业发展情况进行了深入研究，突出我国智慧农业发展的必要性、政策扶持情况、技术支持情况和应用推广情况；第三章为我国智慧农业产业发展对策研究，阐述了智慧农业的顶层设计与政策支持、科技研发与成果转化；第四章为智慧农业技术和发展趋势展望，分别介绍了农业物联网技术、农业大数据技术、农业区块链技术、农业5G技术和农业云计算技术的概况、应用和发展；第五章为山东省青岛市城阳区智慧农业发展案例分析，以"海水稻"智慧农业为个案呈现了山东省青岛市城阳区智慧农业发展的思路和成果。

由于信息技术带来的变化日新月异，"智慧农业"也将会不断产生新需求、新命题、新挑战，因此本书内容难免出现一些不足与偏颇，诚望专家学者、读者朋友不吝赐教。

著 者

2022年7月

目 录

第一章 智慧农业基本理论概述 ... 1
第一节 什么是智慧农业 ... 1
第二节 智慧农业的发展历程 ... 2
第三节 智慧农业涉及的关键技术 ... 11

第二章 智慧农业发展现状概述 ... 29
第一节 国外智慧农业发展现状研究 ... 29
第二节 国内智慧农业发展现状研究 ... 37
第三节 智慧农业发展的必要性 ... 47

第三章 我国智慧农业发展对策 ... 50
第一节 加强顶层设计与政策支撑 ... 50
第二节 加大智慧农业推广力度 ... 53
第三节 加强科技研发与成果转化 ... 55

第四章 智慧农业技术应用与发展趋势展望 ... 59
第一节 物联网技术应用展望 ... 59
第二节 云计算应用展望 ... 66
第三节 5G技术的应用与展望 ... 70
第四节 农业区块链技术应用及展望 ... 74
第五节 精准农业 ... 78
第六节 农业大数据 ... 81
第七节 人工智能技术应用展望 ... 83

第五章　山东省青岛市城阳区智慧农业发展实践 ………………… 86
　　第一节　城阳区农业发展基础 ……………………………………… 86
　　第二节　城阳区智慧农业发展现状 ………………………………… 95
　　第三节　"海水稻"智慧农业项目案例 …………………………… 97
　　第四节　城阳区智慧农业发展规划探索 …………………………… 100
　　第五节　城阳区智慧农业实践经验总结 …………………………… 104

参考文献 ………………………………………………………………… 108

第一章 智慧农业基本理论概述

进入 21 世纪以来，英国、法国、德国、日本、美国等发达国家围绕智慧农业进行了广泛的研究与布局，分别针对各自国情，提出了针对性的扶持政策。我国从 20 世纪 80 年代开始了智慧农业之路，党的十九大报告明确提出了要大力发展"智慧农业"。通过近些年的发展，我国智慧农业发展取得了显著成绩，粮食产量逐年稳步增长，果蔬、肉蛋奶类、海产品等高附加值农产品生产、质量同步提升。在智慧农业技术方面以我国"新基建"战略为基础，在物联网、传感器、云计算、区块链、互联网、5G、人工智能等方面，打造了相对完善的数字化基础设施，为智慧农业的快速发展提供了新的动力。

通过传统农业与信息技术的深度融合，农业进入数字信息化新时代，引发了第三次农业绿色革命。生产方式因为智慧农业产生了巨大变革，通过农业数字化，推动了农业产业数字经济的发展，最终推动了农业高质量发展。

第一节 什么是智慧农业

智慧农业的核心依托是数据信息与知识，在此基础上将物联网、云计算、AI 等现代先进信息技术与当代农业生产生活进行深层次交汇融合，进而完成农业信息识别动态感知、量化决策、智能控制、精准投入、个性化服务等功能，这一过程是农业信息化由开始的数字化向网络化过渡，最终达到智能化的一个高级阶段[1]。

智慧农业是物联网、互联网、传感器、云计算、5G、区块链、大数据、人工智能等各种现代信息科学技术在农业生产中广泛、全面、综合应用，实现相对完善的信息化技术基础支撑、更全面的农业信息识别感知、更广泛的数据资源、更快捷的互通互联、更智能的智慧控制、更便捷的公众服务。"智慧农业"这一主题，与信息技术、现代生物技术以及当代种植工艺技术等目前先进的科学技术巧妙地结合在一起，围绕农业生产精准化、集约化、高值化、绿色化等方面，推动传统农业改造升级，在构建达到世界级水平的农业生产方面具有非常深远的影响[2]。

智慧农业是推动农业 4.0 的核心技术，是响应党的号召消除贫困、实现后发优势以及农业生产水平弯道超车的重要方法。

智慧农业广泛应用于种植业、畜牧业、水产等农业生产环节，对食品安全、电子商务、农业文化旅游、农业信息化服务方面也提供了有效的技术保障。

目前，"智慧农业"这一主题已经成为全球农业发展的大趋势、大潮流，尤其在经济发达的国家和地区，大力推动智慧农业的发展已然成为常态。美国国家科学院在发布《2030美国食品和农业研究科学突破》报告[3]中指出，要在微生物组技术、跨学科研究以及系统方法、精准动态感知、数据科学和食品农业信息学、基因组学和精准育种等5个方向进行突破。美国农业部提出的"2018—2022年战略规划"中以开放数据、大数据、基因编辑、微生物组学、人工智能、自动化与遥感、公众科学认知等方面作为智慧农业发展的重点方向。最近，美国NSTC发布了"国家人工智能研发战略计划"，将农业作为15个人工智能技术重点应用领域之一，计划资助农业人工智能技术中长期研发，同时，为设计规范当前农业的信息化建设，还特定设立了专门的负责机构。

英国发布了《产业战略白皮书》，其中指出要积极支持高效精准农业技术从农田渗透到餐桌的全程创新。澳大利亚发布的《农业4.0手册》中提出将农业智能技术、大数据分析列为未来十年的六大农业科学重点研究领域，促进技术落地和商业化等，并强调了大数据技术和农技人才培养的重要性。法国在《农业创新2025》中提出设置包括数字农业、农业机器人在内的30个具有竞争力的农业项目，指出应侧重于可持续发展和创新为基础和目标的智慧农业，要求在农业产业链中每一个环节全部采用先进的信息技术，并强调要加强数据在农业全流程中的赋能作用。

在德国出版的《数字农业》中也有提议在农业技术开发上应获得更多政府资金支持，同时，具有行业影响力的大规模公司也应承担起研发"数字农业"技术的重任。日本在《社会5.0》中提出融合物联网、人工智能和无人机等尖端技术是智慧农业核心重点，指出智慧农业是农业的重要解决方案，利用当代先进高端技术发展农业专业化、集约化、智能化经营是重要手段。

第二节　智慧农业的发展历程

20世纪80年代初，美国数字信息技术和智能技术领先世界发展，开始研究应用智慧农业，大宗农作物种植生产管理、土壤精准施肥等农业技术作为智慧农业的早期应用，提供了非常广泛的场景。到20世纪90年代，卫星定位系统被各个行业广泛应用，信息技术得到普遍应用，GPS定位技术结合农机精准作业，使智慧农业生产飞速发展。进入21世纪，发展智慧农业已初具规模，极大程度上提高了集体农业生产能力和农业生产效率，将农业转变为一个可持续发展和高效的产业。

我国在国家"863计划"中首次提出农业专家系统，此系统作为智慧农业发展的早期阶段，为农业技术工作者和农民提供快捷的、全面的、高效的农业生产技术问题咨询和决策信息服务，随着我国信息技术、生物技术、基因技术、微生物技术的蓬勃发展，我国的智慧农业取得了跨越式发展。

结合国内外农业发展现状，农业发展经历了以下若干个阶段：传统农业、精准农业、数字农业、智能农业、最终发展进化成为智慧农业，每个阶段的发展特点各不相同。

一、传统农业

1. 基本概念

传统农业是在自然经济条件下，利用人、牲畜、工艺用具、铁器等组成的传统手工劳作方法，依靠世世代代积淀留下来的传统文化经历开展，以自给自足的天然经济条件居主导，是指利用人类历史上一直沿用至今的耕种方法和中国传统农耕技艺开展的种植业。中国传统农业是一门生计农业，生产农产品数量有限，家庭大多数成员必须从事农业生产并在家庭内部分配，传统的小农生产方式依赖于农业经验的积累，生产方式也相对固定。传统农耕产量极度不稳定、剩余量小、经验积累速度慢，且生产过程受限于自然条件。传统种植业的发展，在较大程度上有赖于生物遗传育种技术以及对肥料、杀虫剂、矿物燃料、机械动力等技术投资的大幅增长而完成。由于化学品的过度投放导致生态环境和农业品牌竞争力降低，高能耗的管理方法使得农业产出效率降低，资源日显匮乏。

我国传统农耕沿用的时代相当久远，大概到战国、秦汉时期已逐步建立一套以精耕细作为特征的传统农耕技艺。在其发展过程中，生产工具和产品技术虽有了较大的完善与提升，但就其主要特点而言，并未有根本性质的改变。

2. 基本特征

下述几点是传统农业的主要表现，包括没有现代化的灌溉设施，基本上只能靠天吃饭，涝不能排、旱不能浇；耕作方式落后，没有现代农机具，只能靠牲畜耕种；没有先进的植保措施，只用农家肥，没用化肥。原始的石器、铁犁、铁锄和铁耙、耧车逐渐取代了金属和木制工具，单脚旋风、水车、石磨等工具在农业生产生活中得到广泛使用；以牛为代表的牲畜成为农业生产生活的主要动力；一系列现代农业科技举措的形成，如选择良种、积肥施肥、兴修水利、预防病虫害、改善土质、革新农具、使用燃料、推行轮作制等。传统种植业在中国始于春秋战国时代，在西方始于希腊、罗马时期，直到20世纪初才逐渐转化为现代农业。总体特点表现为，农业生产技术条件长期保持不变、现代农业对传统生产要素的需求量长年恒定、对传统生产要素的需求与供应保持在长年平衡状态。

传统农业较原始农业而言是生产方式由粗放经营逐渐变为精耕细作，并由完全掠射式变为圈舍饲或掠射式和圈舍饲相结合，在改良自然界的技术水平和产量技术水平上，都较中国原始农业大有提升。中国传统农业的主要特征是精耕细作，但农业部门组织仍比较简单，农村产量规模相对较小，经营管理水平和生产技术发展水平仍比较滞后，抵御自然灾难力量差，农村生态功能低下，农村商品经济相对较弱，基本上不能构成生产区域分工。中国传统农业自奴隶社会开始，历经封建社会一直蓬勃发展到资本主义生产关系的初期，直到当前在中国农村仍然广泛存在。自古至今，中国是农业大国，各朝各代均视农业为立国之本，采取各种措施鼓励农业发展：重视精耕细作，采取大面积使用土地肥力，兴修田间水利工程开展浇灌，进行轮作、复种，培育豆科经济作物和开发绿肥，发展农牧综合技术等。鉴于中国千年的传统农耕积累，在开发现代农业技术时，仍须保护和继承中国传统耕作优点，逐步走向"生态化农产品"和"现代农业"开发道路，建立优质、高产、低耗的农产品生态化管理体系，提升农产品开发技术水平。

二、精准农业

1. 基本概念

精准农业是指根据动植物、环境等信息的变化，利用卫星定位系统、遥感分析系统、地理信息系统、物联网、传感器等技术，结合农机进行精细化管理，增强农业生产力、提升生产资源利用率、提高质量效益，达到农业可持续发展的目的。

欧美等发达国家于20世纪80年代末期提出精准农业概念，又称为精确农业、精细农业，是一个完全依靠信息技术和知识科学管理的现代农业生产方式体系。它以地理信息技术、遥感技术等现代先进科学技术作为支撑，并和现代农业技术进行有机结合，对农机、农资、农作实行精准定量，现代农业生产技术的量化管理可以最大限度地提高农业生产效率和生产力，是实现高产、优质、低耗和绿色可持续农业的最有效手段。精准农业依赖精准信息及信息技术支持，是基于生产力空间结构变化规律，定位、定时、定量地开展一系列的现代化农事作业技能和管理的农产品体系，其基本内涵是通过作物生长发育中的土壤特征，调整农民对作物的投资目标，即一方面查明田块内的土地特征和生产力空间结构变化规律；另一方面明确对粮食作物的产出目标，通过开展空间定位的"体系识别、优化配置、科技生产、科学管理"，通过调整土地生产力空间结构，以最小的或最节约的投资获得同样收入甚至更高的农产品收获，从而改变自然环境，更有效地使用各种农产品资源，实现经济效益和环境效益最优化。

由全球近代农产品贸易历史可知，在20世纪中期之前，发达国家基本要从第三世界各国进口大批谷物和农产品，但是到了20世纪后期，状况发生了改变，中国作为发展中国家，但却有能力将大规模的农产品和商品谷物出口至世界各国，特别是中国加入世界贸易组织之后我国农业的比较优势更加凸显出来，农产品出口市场日益多元化，亚洲市场占主导，欧美市场份额逐年提高。出现这种情况并非是中国的耕地面积有大幅度增加，而是主要通过加大对农业科技的资金投入、发展先进的精细农业技术等，进一步使农村劳动生产率和对农业资源的使用率有了大幅度的提高，同时，在深度探索土地潜力、降低土地成本的过程中，也尽可能避免了肥料、农药等农业生产常用产品等对环境的污染和破坏，从而达到了经济性、社会发展经济效益、生态建设经济效益的共同提高、永续发展。

精准农业是指利用3S信息技术与自动化信息技术的综合运用，根据田间每一个作业单位上的具体条件，更好地利用农业资源能力、合理使用农业物资投入生产，以增加农作物产量与品质、降低生产成本、减轻因农业活动所造成的环境污染与提高农业环境质量为主要目的，相对于中国传统农业的最大特征是：以高新技术投资与管理，换取农民对资源的最高节省与对农业生产成果的最高索取，重点表现在农业生产技术手段之精新，农业资源投入之精省，农业生产流程运作与管理之精细，农业土壤之精培，农业生产之优质、高效、低耗。

2.基本特征

精准农业的技术基本原理，就是通过利用土壤肥力状况与作物长势状态之间的空间差异，通过调整对作物的合理利用范围，在对土地生产力与作物长势状态做出高度量化的实时检测，以及在全面掌握大田种植生产力的空间变化的基础上，以均衡利用地力、提高生产质量为目标，通过进行定向、量化的精细田间管理，以达到有效开发利用各种农产品资源和改良农业自然环境这一可持续的发展目标。开展精准农业不仅能够最大限度地提升农村生产率，同时可以达到安全、高产、低耗和绿色的农村可持续发展的基本要求。

精准农业技术体系包括系统、基础、应用等各个阶段的软件。

精准农业主要由以下十大体系构成，即全球农业定位系统、田间信息收集管理系统、田间遥感检测系统、田间生态信息体系、农业专家制度、智慧农械具管理系统、环境监控体系、网络系统整合、信息化信息管理与培训体系。

（1）全球农业定位系统GPS

GPS（Global Positioning System）系统在精准农业方面的主要应用领域为信号采集和实时农业精准定位服务。为提高准确性，在精准农业领域主要应用的是DGPS系统的方法，也称为"差分调整全球卫星定位技术"。该技术的主要优点在于定位的准确性非常高，并且对于对准确度有特定要求的应用可以选择相对应的GPS系统。

"精准农业"计划中的所有定位信号收集和处方农作措施，都必须使用全球卫星定位（GPS）。系统还可进行田间面积和周边测定、引导田间变量信号定位采集、作物生产小区位置计算、对变量作业的农业机械进行定位处方施肥、播种、喷药、浇水，以及提供农业机械的田间导航信号等。

（2）中国地理信息系统GIS

精准农业离不开GIS（Geographical Information System）系统的支持，作为构建农产品生产精准管理空间信息数据库系统的得力开发工具，田间信息利用GIS技术系统进行表达与管理工作，是精准农业实现的关键步骤。

GIS作为用来保存、分类、信息管理和表现地域空间结构信息内容的计算机软件网络平台，科学技术上已形成。其在"精准农业"的信息技术系统中主要用来构建农田耕种经营管理，土地数据、自然环境条件、粮食作物苗情、病虫草害发生趋势、粮食作物生产的空间分布情况等的空间资源信息库，以及进行空间资源信息内容的地域数据分析、图像变换和表现等，并为解析空间结构差异性和实现控制提出必要处方信息技术。它将被引入国家作物栽培信息管理的辅助决策支持系统中，与国家粮食作物产量管理与长势预报仿真模型、投入产出数据分析仿真模型以及国家智能化的农业专家系统合作，将在政府管理者的协助下针对产量的空间差异、剖析成因、进行检测，并给出科学药方，从而实现了在GIS帮助下生成的田间作物种植信息管理处方地图，以引导科学合理的生产调控作业。

（3）遥感系统 RS

遥感技术（RS，Remote Sensing）是精准农业农作物田间信号收集的技术，是在精准农业中提出对农田小区域作物生长发育环境、生长状态，以及空间变化信号的技术需求。

RS 信息技术是精准从农业与生物信息技术系统中获取田间数据的主要来源。它能够提取大量的田间时空变换信号，与遥感技术应用领域长期累积出来的田间生长与土壤作物特征多光谱图像数据处理与图像成像技术、传感器技术与作物产量安全管理要求息息相关。通过 RS 所获取的时间序列图像，可以表现出基于田间土壤生长与土壤作物特征的空气反射光谱变化性，可以提供关于田间作物生长发育特征的时间变化性的信号信息，在一个季节中的不同时段收集的时间图像，也可以来判断作物长势特征与条件的时间变化趋势。按照当前技术发展趋势，使用卫星遥感科技比航空摄影的生产成本有较大幅度降低，因此卫星遥感技术的应用预计在近 3～5 年间，在"精准农业"的科技体系中发挥关键角色。

（4）农业作物经营管理专家决策体系

它的核心功能是用来进行作物生长发育过程建模、投入产出研究和结果仿真的模型库；支撑农业作物生产过程的信息资料的数据库系统；作物生产管理知识、经验的整合过程；基于大数据、模板、知识库的推理过程；人机交互界面过程等。

（5）田间生态信息体系建设

田间生态信息体系建设主要包含田间土壤肥力、墒情、苗情、杂草和病虫害检测与信息收集处理等科技设施。

（6）带 GPS 控制系统的智能农业机器装置技术

如带生产传感器和小区产量数据形成图的收割机器，自动精密播种、施肥、洒药机器等。随着 20 世纪 70 年代中期以来微电子应用技术的快速发展，促使了工业化国家的农业机器步入到一种由迅速融合的电子与信息技术，向机电一体化方面发展的崭新时代。在农业机器的产品设计中，普遍地引入了微电子公司监测技术进行作业工况监视与管理。从 20 世纪 80 年代后期起，其监测体系也快速走向了自动化，从单体监测发展到了分布式监测，从单机作业制度向与管理决策系统集成的方面发展。目前支撑"精准农业"的一些主要农械装置中，除带生产图自行生产的粮食收获机之外，实施了按处方图进行农田生产投入控制的全自动化农业机器，即配备有 DGPS 定位系统和处方图读入设备，可自行选定粮食作物种类、并按处方图调整播量和播深的粮食精准播种机；可自行选择控制两种肥料比例的自动定向施肥机和自控喷药机；可分别控制喷量的定向喷播机械均已商品化生产，且正在不断完善。

精准的农产品相关技术应用软件系统一般还分成信息系统管理软件、基本管理软件和应用领域管理软件。信息系统管理软件，一般指普通的 Windows 控制系统使用管理软件；基本管理软件，一般指作为二次设计的 GIS 使用管理软件，如 MapInfo、Arc/Info；应用程序编程系统软件，包含 VB、VC、基础数据库应用软件系统等；应用领域管理软件，空间信息分析应用软件系统，农田 GIS 精准农业技术基础数据库系统；管理软件与软件系统、软件与硬件间的数据连接使用软件系统，GPS 与 GIS 连接使用软件系统，GPS、GIS 与智能农机连接使用软件系统，田间信息收集管理系统与 GIS 连接使用软件系统等；农产品分析与对策应用软件，作物生长发育的数值模拟，田间经营管理等应用软件。

精准农业的核心理念是构建一种完整的农业地理信息系统（GIS），是将信息和农业产品全面融合的一个全新农业。但精确农业并不过分注重高产，其重点在于经济效益，它把农业科技推向了数字与信息时代，是 21 世纪农产品的主要发展方向。

三、数字农业

1. 基本概念

美国国家科学院和国家工程院于 1997 年提出数字化农业概念。指在大地学空间理论与技术指导下的高度集约化和信息化的农村科技。

数字农业，是使现代信息成为农业生产的基本要素，利用现代计算机技术对作业对象、自然环境和整个过程，达到了可视化表现、数字化产品设计、信息化管理工作的现代农业。数字农业将现代信息化与农业资源实行有效融合，对于改变传统农业、改变农业生产方式有着重大意义。

数字农产品，主要指通过运用信息技术和数字化手段对农作物的生产、流通、经营环节的融合与运用，以达到合理使用农产品资源，降低农业生产成本，提高农村生态环境，改善农作物生产条件和品质，增加农产品的经济附加值和市场品牌知名度，通过运用数字化技术手段扩大农产品的市场营销力度，减少市场经营成本，提高农产品的溢价能力，运用信息化技术和数字化加工方式提高农作物生产的市场竞争力。

数字农场，是指通过将遥感、地域信息体系、全国农业定位体系、计算机、通信与互联网信息技术、农产品智能化技术等高新技术领域和农村地理环境、农学、环境保护学、植物生理学、土壤学等农业基础课程有机地融合一起，以达成在农耕生产方式进程中对粮食作物、土地资源由宏大到微观的即时监测，以达成对粮食作物生长、发育情况、病虫害、水肥情况及其相关的自然环境问题进行定期信息收集，形成农产品动态空间网络系统，对农作物生产中的现状、流程等加以仿真，从而达成了合理配置农作物资源、节约成本、提高农产品生态环境、改善粮食作物生产条件和品质的目的。

2. 基本特征

数字农业的特点主要表现为以下几个方面。

（1）美洲农业的高度专业性、规模化、公司化

美洲农业的高度专业性是全方位的，这首先表现在生产经营地域专业性、农民专业性和生产工艺的专业性。将美洲大陆划分为若干重要的经济作物带，每个经济作物带最有利于某种经济作物的生长发育，如有名的"小麦带"等。绝大部分的农庄只出产一种经济效益农业作物，实现了规模化种植，也有的农庄只出产一个经济效益农业作物的一个种类，或者只做一个经济效益农业动物的饲养。就这样因地制宜、各有所专，实现了农产品专门和规模化生产经营的很好结合，从而形成了农村专门产品营销、农产品集约

性营销、集团化管理等现代产业发展管理模式。

（2）农业产品系统的完善

美国目前已建立发达的与产前、产中、产后密切相连的农业生产系统，主要涵盖了农业生产资料的制造与供给，还包括农作物采收后的贮藏、物流、加工与营销等部门。它们分工明晰，高效协调，在国家有关农业法规系统的保障下，农作物生产有序且高效。

（3）农业教学、科学研究与推广的"三位一体"

美国的农业部门主要是由私人投资运营的，但美国各级政府都大力支持农村科技的发展，从而形成了具有美国民族特色的"三位一体"的农村教育科学研究与推广体制，农学院履行了农村教学、科学研究与推广的三种职责，将农村教学科研与推广更密切地融合在一起，给美国农村发展带来了巨大的科技推动力。

近年来，中国的数字农业科学技术研究进展迅速，攻破了若干数字现代农产品核心技术，成功研制一批实用型的数字农业信息技术产品，形成了网络化的数字现代农产品信息技术平台，尤其在现代农产品数字资源标准体系、现代农产品信息收集技术、大尺度的现代农产品空间信息资料数据库系统、现代农产品生长模式、动植物数字化虚拟设计技术、现代农产品问题的远程检测、现代农产品技术专家管理系统和农村决策支持系统、现代农产品远程继续教育多媒体网络系统、嵌入式手持农用信息技术产品、温室环境智慧管理系统、数字化现代农产品宏观环境检测管理系统、现代农产品生态信息学等方面的研发应用上，都获得了重大的阶段性成绩，并通过在不同类型地区应用展示，初步建立了中国的数字现代农产品信息技术框架体系和数字现代农产品技术管理体系、应用系统和运行管理制度，共同推动着中国农村信息化建设与农产品现代化的进程。

据相关机构预测，到2025年中国数字农业经济占农业增加值比例将达到15%以上，且这一趋势不断加强。

四、智慧农业

1. 基本概念

智慧农业包含精准农业、数字农业，强调通过运用智能技术提高人对农业系统的综合管控能力。智慧农业是以数字信息和知识为基础，实现农业信息识别、量化决策、智能控制、精准输入、个性化服务，从农业计算机化到数字化、网络化、智能化，是一个高级发展阶段。智慧农业应用涵盖农业的全部因素，包含育种、种养殖管理、收获、加工、仓储、销售、农产品安全、农业信息服务等农业生产的方方面面。

2. 基本特征

（1）环境监测功能系统

通过无线网络所收集的植株生长发育环境信息，如监测土壤水分、土壤水温、空气温度、空气相对湿度、光线力度、植株的营养浓度等参数。其他各种技术基本参数也可选用，如土地中的pH值、电导率等。通过信号数据收集、管理收集以及无线传感，汇集节点所发出的数据、储存、展示和信息处理，从而完成对每个基地监测点数据信息基本内容的收集、信息处理、动态展示和大数据分析处理，以直观的图形和曲线的方法展现给使用者，并通过上述各种信号数据的传递对农田实施自动洒水、自动降温、手动卷膜、自动提供液态肥料施肥、自动喷药等的控制。

（2）检测功能管理系统

在农业生产综合园区内进行自动数据监测和管理，根据分配无线传感器，利用太阳能供电、数据收集和数据信息路由设备配置无线传感输送网络系统，每基点配有无线传感器，各个无线传感器都可以检测土地含水量、土地高温、室内空气温度、室内空气湿度、光照强度、植物营养浓度等参数。针对不同作物的需要提出各类声光报警消息，以及短信告警消息。

（3）实时的图像处理以及视频监测等功用

农业物联网的基础理念就是完成了农产品的作物种植生长发育与自然环境，以及土地与肥力之间的物物相联的关系网络，利用多方面信息技术和多层次信息管理进行粮油经济作物的良好生长发育条件调理和土壤施肥管理工作。但对于专门负责生产的人来说，通过简单数据信息化的物物间相互联络，却无法全面营造经济作物的良好生长发育条件。而录像和图片监测则给物和物间的关系带来了更直接的表达方式。例如如果哪块土地缺水了，从农业物联网的单层数据分析上来看，仅可以看出水分数据较低。而应该灌溉到何种程度，则无法再死搬硬套地通过这些数据分析做判断。由于粮食作物生产环境的不均匀性决定了在农产品资讯收集上的先天劣势，并且很难在单一的手段上加以攻破。通过视频监控的导入，更加直接地表现了粮食作物生产的真实状况，通过引进了视频图像和图像加工处理技术，既能够直接表现一个粮食作物的生长长势情况，又能够从侧面表现出粮食作物生长发育的总体状况和养分水平，从而能够从总体上为农民带来了较为科学合理的种养决策理论依据。

（4）农业产品环境监测

利用布置在耕地、大棚、花园等目标部位的大量传感节点，即时地获取气温、相对湿度、日照、空气含量以及土地含水率、电导率等数据并汇集到中控系统。农业生产管理人员还可以利用监测数据对周边环境进行分类，以便于有针对性地投入农用生产资料，并按照要求调整各种控制装置，完成了调温、调光、呼吸换气等动作，从而达到了对农产品生长环境的智能管理。

（5）食品安全追溯

运用现代信息技术，建立农业质量追溯体系，通过对农产品质量的有效安全鉴定以及对生产、食品加工等环节的监控，完成农产品溯源、清查等功能，实现有效的全程品质监测，以保障农产品安全性。物联网信息贯通制造、加工生产、流通领域、消费的各个环节，并完成了全过程严格控制，让用户能够快速地掌握食品行业的所有制造环节与流程，进而将整个食品供应链进行全面透明化的展示，以确保向社会供应高品质的安全食品，提升用户对食品安全程度的信任，同时维护合法生产经营者的权益，从而增加了可追溯农产品的品牌效应智慧农业的作用。

（6）通过数据反馈进行土壤管理

在世界各地栽培粮食作物时，土壤养分同样也会发挥重要作用。利用特殊的算法，土壤深度学习技术被带入了研究的最前沿，因为这种算法能够帮助人们检测播种之前和生长过程中土壤的健康状况。

土壤退化与侵蚀问题也是影响粮食作物生长发育的主要原因，而这两种问题都可以用人工智能处理，因此国外的一个团体就研制了一个可以分析土壤问题的仪器。加上无人机的视觉感应能力，它能够检测到作物的生长区域，通过基于人工智能的技术手段，来研究土地缺陷和作物问题。

（7）智能管理灌溉和用水

农作物要想顺利生长，就必须维持不断的水供给。在世界上降水和淡水供应很少或不可靠的地方，栽培作物特别艰难。如同在花园洒水机器上可以设置定时器那样，但现代的人工智能灌溉方式却比这更进一步。

种植人员能够利用农场环境中的机器实时追踪土壤中的含水量，以便更精确地了解怎样向作物供给水分，并且怎样有效合理降低对水的耗费。这也表明了种植人员可以有更多机会来做其他的工作，而不用再费心亲自给作物浇水。

（8）智能虫情监测

传统的农业害虫检测方式费时费力，无法适应农业生产的现实需要。虫情监控分析系统是一种现代化的对害虫进行自动监测和报告的信息系统，该信息系统充分运用了生物学、生态学、数学、信息系统科学技术、逻辑学等先进理论知识与方法，充分运用了现代光、电子、数控技术、无线传输技术、物联网等当代先进科学技术，根据生产实践经验和历史统计资料，对病虫害情况及未来发生的变化趋势进行预报，极大增强了劳动效率和检测成果的准确度，给广大科研人员和种养户带来了精确、有效的预报咨询服务。

（9）智能与机械收割结合

按照农村综合公司的性质，一个农庄大约40%的成本是体力劳动和工资。通过用现在智能机器取代人的农业劳动能力，不但缓解了农村劳动力越来越短缺的问题，同时达到了农业产品高度规模化、集约化、工厂化，也增强了农村产品对自然风险的适应能力，将相对弱势的传统农产品变成了具有高效率的现代产品。

（10）智能施肥的使用

互联网技术和智能施肥技术相结合实现了在测量土壤的基础上达到精准施肥的效果，大幅度提高了肥料的利用率，从而使农业成本进一步降低，并且避免了过量肥料对环境的污染，响应国家保护环境的绿色号召。

（11）智能无人机的崛起

如今，无人机技术已在农业很多方面都进行了广泛应用，在农田中，无人机不但能打农药，还同时具有数据采集、检测等功能，通过防控农业病虫害能降低农民田间劳动强度，降低污染，从而增加防治效果。

第三节 智慧农业涉及的关键技术

随着四次工业生产革命的迅速发展，电子产品信息科学技术与各行业科学技术深入融合，引发了新一轮的产品技术革命。而新型信息系统与现代农产品的深入融合，又孕育了第三次现代农产品绿色革命——现代农产品的数字化革命，让我国现代农产品市场步入了现代农产品互联网、数字化、智能发展的崭新时期。在现代农产品数字化革命的带动下，全球农村经济社会产生了两个变化：一是形成了以智能现代农产品为典型代表的全新现代农产品方式，使农村产品更为"智能"；二是推动了农村数码发展，活化了"数据信息资源要素"的价值潜力，进一步赋能了数码农业在农村的创新发展。智能农业是以知识、技术和装备为关键基本要素的现代农业方式，是现代农业技术竞争的制高点，也是现代农业发展的主要方面。智慧农业关键技术的发展有利于提高农业信息化建设的质量和水平，农业大数据、农业物联网、农业5G通信、农业监测预警、农业区块链等关键技术与其他信息技术相互交叉、融合、集成，应用于农业生产、管理和向外服务的各个阶段，构成我国智慧农业技术体系。

一、农业物联网技术

农业物联网技术是中国传统农业和现代物联网科技的融合产品，利用各种先进的仪器设备对农业温室中所显示的信息数据进行精确控制，并发挥农业仪表仪器对参变量的自动控制效应，把数据分析信息全部导入农业物联网中，然后再利用物联网解析这些科学依据，最后再制定具体的处理对策，以起到帮助农作物增产、优化生产的效果，同时还可以对部分农作物生长周期进行合理调整，从而有效提升农村整体发展效率。

当今世界上部分国家已经在农业物联网的应用方面做出了很大的成绩，运用先进的卫星信息技术对农产品资源进行了全方位监控，并将监测数据通过卫星网络传送至有关政府部门，然后再由有关政府部门对其实施科学的统一规划。国家拥有较为领先的农业信息化科学技术与设施，不管从硬件设备还是在科技理论水平上都占优势，借助对计算机技术和互联网信息技术的有效运用，在部分国家已经形成了完整的农产品信息化建设平台，实现了对农产品生态环境的自动监控，不但大大提高了监控效果，同时还省去了许多人力，为农产品生态环境的可持续发展奠定了良好的技术支撑。

1. 农业物联网的定义与特征

农业物联网是指农村生产经营环节中的农产品通过物物连接到互联网上。而农业物联网自身也包括两个含义，其一，农业代表了其内核基本上依然是农业网络，也就是在传统农村网站根基上的延续和拓展；其二，其用户端也延伸到了物体和东西中间，在物体中间运用物联网技术进行交流和沟通。使用射频识别科技、毫米波雷达、定时测距导航卫星全球定位系统、激光扫描仪等信号传感设备，可以通过事先预设的信息技术规范连接起互联网和中间物体并进行交流和沟通，在农业生产过程中智能辨别、定位、追踪、检测和控制。特点如下。

（1）一体化特点

人、机、物都是物联网的有机组成部分，其中人为核心功能，机为手段，物为对象。农业物联网系统必须进行优势选择与整合协调，才能达到人机物的一体发展，从而充分实现农村智能发展。而这种特征也是农村物联网最为明显的一个特点，正是因为这个特征，农业发展才变得更加方便，管理更加科学。

（2）农业数字化特征

农产品物联网的主要作用对象是田地里的所有作物。作物信息的收集与传递是整个农业物联网的核心环节。所有作物的生长发育状况、缺肥情况、病虫情况都是利用物联网的传感器以数字化的形态传送到物联网平台，再利用整个农业物联网来研究、模拟农业作物诸因素间的相互关系，并解释其生长、发育过程及其规律，以针对农业作物生长发育情况，从而作出适当的管理决定，才能达到对农作物生产过程有效管理的目的。

（3）农业社会化特征

物联网社会是指相互融合、动态开放的互联网社会。农产品物联网关心的不只有庄稼生长发育过程中的水肥，更为关心农产品质量安全、农户生存、农产品追溯等社会问题。正由于农产品物联网的社会性特点，着力回答社会问题，可以发挥农产品物联网在认识农产品、发展农产品、改善农产品中的重大功能。

（4）全面化特征

农业体系是一种涉及自然界、社会、经济以及人类社会活动的巨大复杂体系。唯有贯彻全要素、整个过程和全体系的"三全"化发展路线，并充分考虑全生育期、全产业链体系、全相关影响，才能促进中国农村物联网的发展。全面化特征重要的表现为农业种植的全方面数据都可以在农业物联网上查询。

2. 农业物联网应用案例

（1）石山物联网农业小镇

2015年6月，海南省海口市第一家网络农村小城镇在海口市秀英县石山镇成功开工兴建，并由朗坤公司完成了顶层建筑设计、施工、运作。

海南省"石山网络农产品小城镇"是由朗坤集团用"互联网+"的理念、思维和技术，以"1+2+N"的经营模式，横跨了农作物生产、运营、管理和服务等整个产业链，形成的一座全新的农产品小城镇。

（2）大圩物联网小镇

安徽省合肥市大圩物联网镇将以"互联网＋农业"的经营战略，运用网络、移动通信、云计算等多种信息技术，努力建设网络化、信息化、智能化和现代化的新兴农村小城镇。

（3）兰陵县现代农业示范园

为进一步提高栽培质量，山东省临沂市兰陵县政府在现代农业示范园引入了杭州托普农村物联网科技，在其所建立的果蔬大棚中全面配备了农村物联网监控装置，利用农村"物联网"科技实时监控大棚蔬菜气温、相对湿度、光线、二氧化碳含量以及植物长势情况,并通过产生的智能监控信号对果蔬实施精细化控制,利用无线网络传感器对温室环境进行自动和手动的调控,在气温较高时通过自动打开风机等装置进行降温,利用土地温湿度感应器对施肥控制,做到在该灌水的时间灌水,在该施肥的时间施肥,全部做到农产品智能化,有效推进了有机安全农产品开发。

物联网对现在的农村来说还是一种新事物,即便其对农村的发展有肉眼可见的好处且前景广阔,但在现阶段,物联网在农村也只是小范围试点的状态,并没有演变成硬性需求。对传统农产品市场而言,引入物联网的成本往往难以被接受,在看到经济效益以前,想让农户投资物联网是不现实的。所以针对这一新事物,不少农户乃至某些农村领导、地方政府部门还需要一个接受的过程,因此迫切需要转变观念。在加强政策支持、构建社会补偿机制的同时,还应该及时构建更符合农村发展需要的新商业模式,以市场为主导、向市场要钱,是当前推进农村动物联网发展的最有效方式。

二、云计算技术

1. 定义与特征

云计算(Cloud computing)模型的收费标准取决于其使用量,这个模型提出有效的、快捷的、自适应的互联网服务模式,信息和数据资源进入可分享的计算资源共享池(共享资源含有互联网、移动服务器设备、数据库、使用管理系统软件、业务等),而这些信息资源也可以直接被用户所使用,只需要进行少量的接口开发,投入少量的管理工作,或和服务商之间少量的交互就可以实现。农业云计算技术的广泛运用为中国农村信息化建设提供了巨大的数据储存能力,以及按照时间和存储数量收费的信息资源服务方式。在降低客户对传统硬件设施依赖性的同时,也拓展了设备计算能力,以提高农业信息化操作效能。也因此,云服务技术在农产品领域的运用将重点致力于以下几个方向:基于云服务的海量农产品信息储存、基于云计算的农业生物信息数据处理,以及基于云计算技术的农产品物联网解决方案等。

云计算模型的概念说明可以追溯到20世纪的60年代,但直到2007年,IBM公司推出了与云计算有关的"云计划"后,云计算才受到广泛关注。2007年以后,云计算方兴未艾,企业、政府部门和科研单位纷纷开展云计算的研发和应用。

2. 案例介绍

(1)毕节农业大数据中心

贵州省毕节市农业委员会充分利用了云计算的平台优势,构建了一个农业大数据中心。这个大数据中心收集整合了全区域与农业相关的数据和信息化资源,以提供大数据分析能力的云计算平台为中心,从"互联网+"的思路出发,引入现代先进技术和先进理念,实现对农业的生产、经营、管理和服务进行统一的信息化管理,推动数据分析、智能预警、管理决策、协同办公等业务的整合,在农业生产的产前预测指导、产中过程管理、产后电商营销的全生命周期管理,以及政府政策辅助决策中进行了良好的示范性应用。

按照"1+3+4"农业大数据综合服务体系构架,"种得好""卖得好""管得好""服务得好"这四大服务系统是当前的主要建设方向。一是种得好,是指以提高产量、优化效率、降本增效为目标,用"互联网+"的思维管理农业的生产过程,建立了一个提供农业和牧业物联网服务和支撑粮食高产的农业服务平台。二是卖得好,是指拓宽农产品的销售维度,将传统的经营方式与"互联网+"的理念相融合,提高农业销售的附加价值的同时,建设农产品电商平台、提供休闲农业服务、开放土地经营权的交易等多维度的销售体系,打开农业市场销售渠道。三是管得好,是指加强农业管理和执法管理,在"互联网+"思想的指导下,创新农业的管理,比如考虑将目前许多国家正在规划实施的农产品监管和溯源项目归纳进农业管理的范畴之内。最后一大系统是服务得好,它指将"互联网+"的思维方式与农业服务相结合,包括农业信息、种植、资源整合等各个方面的服务,将12316综合信息服务中心、远程视频诊疗服务中心、新经营主体服务体系、资源综合指挥调度中心、农机调度等机构也纳入进来。

(2)浙江省智慧农业云平台

浙江省研发设立的智慧农业云平台,将省、市、县等多个原本零散的涉农资源进行整合,依托物联网技术、大数据、3S等信息化技术构建而成。云平台的主要构建理念是"一个平台,一个中心,N个应用"。浙江省整合了省内的农业产业、种植区、农机设备、畜牧产业、植保产业,以及农贸、农经、科教等各领域的农业应用和农业数据,建立一个大数据平台,以该大数据平台作为基础建设了"农业大数据中心",以具有互相联系资源共享性质的"互联网+农业"基础信息服务作为重要依托,智慧农业大数据平台提供关于农业生产、经营和管理的各项数据服务,为政府管理决策提供支撑和依据,为农业领域发展提供更好的服务。

随着浙江省级农业平台的建设完善,目前已经可以提供四个核心服务:一是建立了省级农业大数据中心,提供数据服务;二是建立省级物联网管理平台统一管理物联网智能设备;三是统筹全省的农业管理,实现农业现代化发展改造的综合管控;四是建立天气预警预防机制和灾害应急指挥通道,助力农业防控减灾的信息化建设。该平台统筹四个核心服务,已经实现了对全省农业信息系统的框架建设和统筹,显著降低了农业管理和运营的成本。在此平台基础上,还依托大数据分析服务和数据可视化服务,结合政府远程会议系统,能够让管理部门对全省范围内的农业产业发展进行统一的规划和统一的指挥。

三、5G 技术

5G 技术的全称是第 5 代移动通信技术,它是具备高速率、低时延和大连接特性的新型宽带网络移动通信科技,是促进人机物交互的网络技术基础设施。国际电信联盟无线电通信组标准化组织确立了高可靠性、低时延数据通信服务(uRLLC)、低功耗海量连接的大型主机数据通信服务(mMTC)、高传输速率的扩展型移动宽带网络服务(eMBB)

三个重点使用场景。利用5G科技三大特色和农业的整个产业链相结合，从农产品数据收集与传输、智慧农机、农业机器人、农事服务、数字乡村等方面，逐步完成了种植科技自动化、农产品数据管理自动化、种植流程智能化、生产劳动力管理智能化。5G科技将引领农业行业产生颠覆性变化，并产生全新的商业模式和角度与切入机会，从而产生出巨大市场。

截至2021年5月，根据全球移动供应商协会（GSA）的数据统计显示，世界上41个发达国家和地区的96个网络运营商已经开始推出了5G商用。166个网络运营商已在69个发达国家和地区公布了3GPP规范的5G商用网，77家网络运营商开始测试、计划或部署商用SGSA网。133个发展中国家的436家网络运营商，正以测试、试验、试点、规划和实际部署的多种形式，投入建设5G网络。目前西方部分国家，正在迅速采用变革性的5G技术，在精准农业、5G农机、无人机施药、杂草和农作物监测、昆虫追踪、减少用水量、重型无人农机等方面进行农业升级。

随着中国5G商用网的大量布局，5G将与中国农业整个产业链更加深入融合，并重点在如下方面实现应用扩展。①农村物互联。在5G技术发展的带动下，农业物联网设备联网总量、数据传输速率、数据处理量级和准确度都将大幅提高，建立更全面、实时的物联网络。②农业机器人。5G技术可以给农业机器人提供三个方面的改善。一是农业机器人接收系统指令的速率更快，并且反馈也更为精确；二是可连接的智能化机器人数量增多，可增强信息体系的可靠性；三是技术延展性更高，可融合虚拟化或增强的现实信息技术，开发多用途产品。③农机生产智能化。利用5G数据的高效高速传输，以及机器视觉、人工智能技术、智慧导航等技术可望在全国得到更大范围的广泛应用，将农业由传统大田作业扩展至设施农场、水产渔业等领域。④农业航空。5G联网无人机技术具备高度清图传、远程低时延监控的能力，可帮助无人机设备实现云端智能运算，有效管理由无人机设备产生的传感器数据和视频数据，从而提高了作业安全性。⑤农业大数据。农业大数据技术是各类企业数字化、智能化应用的重要基础，通过网络技术、大数据信息技术的发展，可以提供更加丰富多样、快捷有效的大数据体系，并支持各行各业在智能监管、市场信息、智能应用、信贷保险等方面开展技术创新活动。⑥农事服务。使用5G互联网技术构建的农事服务体系，可以涵盖从栽培管理到市场行为决策的整个生命周期，让农民产品种得好、卖得更多。而农技宣传或者是农民的职业教学也可以利用物联网设备开展，使得农业知识传播更为方便，而针对经济作物、特殊作物的栽培管理也能够利用线上开展教学，从而突破了空间地理局限。⑦产品流通。5G通信网络以及田间感应器、物联网等设施，可涵盖中国农作物从种到收的全部数据，使得产品整个生命周期均可追溯，助力树立中国农业名牌，增加优秀农业的产品附加值。

5G通过赋能农业全产业链，实现了农业信息要素获取效率与质量的高速高效能力，5G技术定义、特征及相关应用案例如下。

1. 定义与特征

定义：中国第5代移动电话信息技术（5th Generation Mobile Communication Technology，简称5G）是具备高效率、低时延和大连接特性的新型宽频互联网移动电话信息技术，是中国实现人机物互联网的重要互联网信息技术基础建设。

特征：全球电讯协会（ITU）区分了5G技术的三种应用情况，包括增强型移动宽频（eMBB）、超高可靠低时延通信（uRLLC）以及海量的主机级通信（mMTC）。eMBB将首先面对的移动网络流量爆炸式发展，给移动互联使用者带来了更为极致的使用感受；uRLLC一般是面对工业生产监控、远程医学、手动开车等对时延和可信度有着极高需要的垂直行业应用需要；mMTC一般是面对智能化都市、智能家庭、环境监测等以传感器和大数据收集为重要工作目标的应用需求。

为了适应5G多样化的使用场合要求，5G的重要技术指标越来越多样化。ITU确立了5G的八大重要技术指标，其中高效率、低时间延迟、大接入能力是5G最明显的特点，最高用户体验速度为1Gbps，时延小至1ms，最大用户接入能力达到了100万连接/km^2。

2. 案例介绍

（1）案例1：淄博临淄区禾丰5G智慧农场

山东省淄博市政府和山东理工大学的研究人员建立合作，将5G通信网络、图像识别、人工智能、卫星遥感等技术与传统农业相融合，建立新一代5G智慧农场，对农业装备进行智能化升级和自动化管理，同时引进植保无人机、旋耕、播种机、无人喷灌系统等现代智能化设备和系统，保证在农业生产的各个阶段都可以获得最大限度的无人化和自动化工作，并且已经在玉米和小麦的耕作管理中获得成功实践。目前。该农场已经实现了安全可靠、节能环保的运作模式，争取打造全国首个示范性生态无人农场。

（2）案例2：上海领新5G智慧农业

上海领新农业发展有限公司基于5G通信、边缘计算、智能终端以及物联网技术，对农业领域的自动化设备、监控系统和无人机设备进行升级，建立了一套能够实时监控农场状态并智能调控运维的系统。通过这套智能化系统能够帮助农业生产者对农作物的状态进行更加精细化的管理，优化农作物生长环境，结合农业专家的经验积累，让农作物的生长环境始终保持在适合的范围内，最大化保证农作物的生产效率和生产产量。

四、农业区块链技术

区块链技术的综合和广泛地应用在我国企业的技术发明及革新与当代社会生产改革中发挥了关键作用。要坚持以区块链作为重要手段去攻破当前技术创新和自主创新这一重大课题，明确主要发展方向，扩大扶持力量，对重要的技术进行着力攻破，推动商品技术和区块链技术的结合，推动相关技术产生的高速发展。

农业区块链涉及的高新领域非常多，比如计算机网络、计算机编程、数学、密码学等。用一句话概括区块链就是一个分布式账本，其具备两大核心特征：一是数据难以篡改，二是去中心化。此外，区块链的数据安全也是相当有保障的，因为想要在区块链中修改数据，需要半数以上的节点同意，才能修改所有节点的数据。而区块链信息作为促进数码农村发展的关键手段之一，现代农产品数字化过程管理水平的日益提升也为区块链信息的广泛应用提供了物质基础，而区块链信息的广泛应用也将逐渐促进数码农产品的发展。区块链信息技术依托于其分布式储存、无法修改和可追溯性等特点，通过与物联网、信息化、虚拟化、新一代人工智能、5G 技术等数字科技的高效融入，可以缓解在数字农产品发展过程中所遇到的农产品质量安全、农产品产供销和农村保险信用管理等困难问题，为智慧农村的发展"保驾护航"。

目前国际上已经进行了多个区块链技术在农产品中的应用示范，在农产品资源交换、农产品追溯、农村金融等方面都开展了深入的国际合作：FARMS 概念由基于区块链的虚拟人民币平台所实现，该平台融合了农业遥感（卫星）大数据技术和移动货币解决方案，可以实现透明安全的交易和"专用"资金，自动支付系统和农业信息仪表板。用于农产品供应链管理的区块链公司 AgriDigital，在全世界粮食产业的市场营销中拥有基于云的商品管理解决方案。它利用一个平台把所有粮农、买家、站点运营商以及金融家都联结了起来，让他们都可以安全、实时地签约、交付和付款。

实现了更大收益的区块链 AgUnity 设计了一种方法，为当今世界上最贫穷的小村民创造了实现金融包容的路径。AgUnity 使用程序是一种简易的移动金融服务，可支持小村民计划，交易并跟踪日常交易情况。这也是小村民通过合作、储值、省钱和更容易采购商品和金融服务的一种方法。该应用程序可以通过在小农户把农作物转让给农业合作社，或者租赁给其他村民的生产设备时建立保险登记，来保证每个人都获得报酬。E-FOOD 是目前当今世界上最大的，可以公开获得的，从农田到餐桌的食物追踪方案。它可以为 6 000 多家商业客户提供金融服务，并且每日处理 40 万笔的商品交易。

1. 定义与特点

区块链技术涉及数学、密码学和电脑程序等一系列技术问题，具体而言就是一个分布式网络的公有账本与数据库系统，具备去核心化、内容不可修改、全程留痕可跟踪、数据加密、开放透明等特性。而区块链技术作为中国推动数码农业发展的主要技术之一，农产品数字化程度的日益提升也为区块链技术的广泛应用提供了物质基础，而区块链技术的广泛应用也将继续推动中国数码农产品的蓬勃发展。区块链技术依托于其分布式储存、无法修改和可追溯性等特点，通过与物联网、大数据分析、虚拟现实、人工智能、5G 技术等数字科技的高效融入，可以缓解在数码农产品发展过程中遇到的农产品质量安全、农产品产供销关系和农村保险信用体系等问题，为数码农产品的发展"保驾护航"。

（1）去中心化

在现在的信息系统设计和应用研究中，一般都是考虑由中心服务器完成全部的信息交互和数据保存工作。而在区块链中，则采用建立分布式的结构系统和开放协议，使各个参加者都可以参加对数据信息的录入和校验，然后再经过分配式传输发给各个目的节点，哪怕部分目的节点遭到了入侵甚至破坏，也不危害整体数据库系统的整体性和信息更新，相当于各个参加的节点都是"自中心"。

（2）去信任

在常见的互联网模型中，是在可信赖的信息中心节点（比如说政务信息登记系统）或是第三方网络渠道（比如说支付宝）进行用户信息的认证、绑定，并在这些平台上完成信誉的逐步积累。而去信任的概念就是用户信息认证不局限在某一个系统或区域，对单个系统的信任，而是通过整个系统的相互传输和认证实现去中心化，去中心化的核心特点是无须信用的支撑。

（3）时间戳

在区块链体系中的任何一个交易行为，都会被打包成一个区块，这个区块中除了本次交易相关的所有信息外，还包含一个时间戳信息，多个区块根据时间戳中的信息按照先后顺序进行连接，最终得到区块链。这个时间戳信息的原理是使用数字签名技术对每一个区块采取数字签名，可以证明原文件是存在数字签名实践更早的时刻。利用时间戳机制可以保存整个系统中的历史数据，并且能够进行查询和溯源。

（4）非对称性密码

区块链通过的数学共识机理就是非对称加密算法，即在增加与解码的过程中使用同一种"密钥对"，"密钥对"中的两种密码都有非相对称的特性：一是用当中一种密钥加密后，有另外一种密码可以解开；二是当另有一种密钥公布后，按照公布的密钥它们将仍然无法计算出另一种密钥。

（5）智能协议

基于区块链技术能够进行点对点的高价值传输，可编程性的引入将导致在双方信息传递时都能够嵌入相关的程序脚本，并利用这种智能协议的方法去解决某些无从预测的交易模式，从而确保了这一技术在持续的商业应用中得以不断生效。

2. 应用案例

（1）案例一

沃尔玛将区块链技术应用于全球产品供应链，将成本降低1万亿美元左右。

沃尔玛曾经和IBM、清华大学合作进行区块链实验项目的开发，目的是利用区块链的技术特点，提高供应链体系中数据的准确性和可靠性。研发成果随后应用在沃尔玛全球范围的供应链系统上，以保证全球货物的供应安全。在沃尔玛超市中的每一件商品都是经过区块链系统认证的，商品信息都是可查可溯源，商品的生产、运输、转运、储存以及销售都有清晰和明确的记录，方便查询。在区块链这种分布式记账的特性帮助下，沃尔玛不仅加强了对商品流通和销售的管理，还将商品全周期的管理成本减少了1万亿美元以上，节省了大量开支。

（2）案例二

蚂蚁金服用区块链为五常大米"验明正身"。

2018年8月，阿里巴巴集团旗下的天猫、菜鸟物流和蚂蚁金服与五常市政府合作，将蚂蚁金服的区块链技术和五常市农业技术相结合，推动五常市大米市场的信息化，更好地实现产品溯源，提高消费者对产品的可信度，降低虚假广告的辨认难度。同年9月开始，五常大米的天猫旗舰店对于出售的每份大米都配有一张"身份证"。这个身份证就是这袋大米的区块链信息包，其中包含大米的产地、种子、施肥、生产、加工、物流路径等各种溯源信息。这些信息可以通过支付宝扫描"身份证"就可以获取到，方便消费者查询。

五常大米的"身份证"依赖于一个供应链联盟，这个联盟包含了大米种植商、大米生产商、仓储加工商、菜鸟物流、天猫商城，以及五常质量技术监督局等多个相关主体，每一袋大米的"身份证"都会经过这个供应链联盟中主体的认证和签名。这些认证信息是不可修改的，且供应链中每个主体都可以储存查看，并根据区块信息的时间戳机制追本溯源，相互之间可以看到所有已经通过的认证和签名并互相监督验证，一旦某个环节发现问题，能够迅速地根据签名和时间戳定位问题发生环节，并做出应对措施。

除了在供应链过程中使用区块链技术外，五常市政府也在积极引进物联网技术的结合，将农业种植、种子产业、肥料产业等信息也录入系统，通过区块链追溯和大数据分析，实时掌握大米的生产链路，分析追溯大米总产量，掌握市场的行情变化。现如今，这套系统已经和区块链的供应链联盟一样成为区块链的一个主体，帮助更好地溯源商品市场。

（3）案例三

中南建设和北大荒共同推出全球第一个"区块链大农场"。

中南建设集团和北大荒共同出资建立的"区块链大农场"，它是全球范围内第一个结合了区块链技术的大型农场项目。公司应用的是一套包括平台、基地、农户三方面的标准化管理方式，通过这样的一条链的管理方式，建立一套从产地到餐桌的封闭式链条，所有相关方都在这个链式体系中进行管理，最终打造成一个拥有高附加值和高收益的农产品电商平台。

"善粮味道"是基于区块链技术的大农场的安全农产品电商平台，借助区块链技术和农产电商的结合，公司从源头的土地承包商开始，将每个环节都引入区块链体系，通过一套封闭的管理系统，将农产品种植和生产、运输和销售整个链路的环节进行区块链认证，并和线下的管理策略相结合，售方和购买者可以通过专用的物联网设备、手机 App 等途径查看商品的种养殖、加工生产、物流运输、仓库存储等信息，让买卖双方都能放心。

五、农业大数据技术

随着农业信息化与农产品现代化的深度推进，农产品大数据分析技术正与现代农业产业全面深入融合，将逐步作为农民产品的信息定位器、现代农产品市场的导航灯和农产品管理的高考指挥棒，越来越成为生产智能农产品的重要神经系统手段和推进农产品现代化、智能化生产的核心关键要素。

1. 农业大数据定义与特征

农业大数据定义：大数据充分利用互联网上的海量信息，通过找寻不同数据间存在的规律和联系，建立目标与其他因素的相关性，实现通过数据分析进行决策。农产品大数据分析，是利用大数据理念、技术与方式在农产品应用领域的具体实践，它融合了农产品地域性、季节性、多样化、周期性等自身特性，内容涵盖了从耕种、养殖、种植、受精、植保、生产过程管理、采收、加工、储运、营销、养殖、防疫、屠宰检疫等各环节，需要用专有的技术和分析方法来提取其中的巨大潜在应用价值。农业大数据满足了现代农业发展的需要，对推动现代农业发展有着重大意义。

农产品大数据分析特性：农产品大数据分析的特性满足了大数据分析的五个特性，信息量大（Volume）、处理速度快（Velocity）、分析类别多（Variety）、市场经济价值大（Value）、准确性高（Veracity）。还包括下面四个特性。

一是从应用领域来看，以农产品应用领域为核心内容，逐渐扩展到有关下游产品（畜禽饲料制造、肥料制造、农机制造、牲畜屠宰业、肉食加工产品等），并集成了宏观相关背景的统计，包含农产品统计资料、进出口数据、市场物价数据、产品统计以及气象统计等。

二是从区域出发，以省内区域统计为核心，以国外农业统计资料为有效依据；不但涵盖了全国层面数据，还应包括省级数据，乃至地市级数据，为精准区域调研奠定了基石。

三是从粒度上考虑，不但应该包含统计资料，而且还要包含涉农经营主体的基础信息、融资消息、股东消息、发明专利消息、进出口消息、人才消息、新媒介消息、GIS位置消息等。

四是从专业性出发，应该分阶段进行，第一步先建立种植业方面的专项信息资料，之后应该逐渐有序建设相关的子行业信息资料，比如针对畜种的生猪、肉鸡、蛋鸡、肉牛、奶牛、肉羊的专项监测数据。

2. 农业大数据应用案例

通过各个省、市、自治州、地级市的农村行政主管部门提出，由相关单位负责申请，之后经过有关农业部门所组织的专家委员会的审查、公示、批准等流程，仔细选定了共38项农业农村大数据实践案例。

①卫星遥感大数据分析在精细农作物栽培上的运用：北京市佳格天地技术有限公司。

②江苏主要的粮食作物栽培大数据分析平台，指导农民种养选择、助理种植业供给侧结构性改革：北京爱种网络科技有限公司。

③大数据管理技术在果蔬制造、食品加工、营销过程中的实施和运用：北京市天安集团。

④"农科云"农业全产业链大数据分析平台建设：北京农业科学技术研究所农村信息与经营研究院。

⑤遥感、建模、计算驱动式精准农业大数据分析决策系统实施案例：北京精禾大数据分析技术公司。

⑥北京京东&科尔沁牛业产品溯源试验项目：北京京东公司。

⑦智慧蛋鸡开启蛋鸡行业大数据应用模式：北京华都峪口禽业有限责任公司。

⑧基于海量数据分析的区域与农村大数据分析实现方案：北京市布瑞克农信技术集团有限责任公司。

⑨肉鸡产品检测及质量可追溯平台：天津农学院。

⑩奶牛场ERP管理系统的综合运用：天津嘉立荷畜牧有限公司。

⑪草原生态产业大数据平台：内蒙古蒙草草原生态大数据研究院有限公司。

⑫大数据智能型农业助力吉林农业发展：吉林松花江种业。
⑬吉林省农业卫星数据云平台项目：吉林省农村经济信息中心。
⑭创新数据融合以销促产，全方位提升农业产业价值：上海中信信息发展股份有限公司。
⑮上海农业公共信息化平台：上海市农业委员会信息中心。
⑯赋民数字农业云种植体系建设方案：上海赋民农业科技股份有限公司。
⑰南京卫岗乳品质量安全追溯实践案例汇报：江苏南京卫岗乳业有限公司。
⑱大闸蟹全产业链大数据建设——中国蟹库网：江苏中国蟹库网。
⑲中国水禽行业养殖大数据的采集和应用：江苏益客集团。
⑳连云港市农业大数据平台建设：江苏连云港市农业信息中心。
㉑砀山数字果园物联网建设：安徽砀山县农业委员会。
㉒农业农村大数据驱动山东现代农业发展：山东省农业信息中心。
㉓奶业大数据分析技术在牧场中的实际运用：山东成城物联网科技股份有限公司、山东农业大学。
㉔农村大数据技术服务平台的发展应用：河南省鹤壁农信物联技术有限公司建立"天地人网"的全方位服务平台。
㉕基于农业大数据服务蛋鸡产业的研究：湖北芝华数据。
㉖茶树栽培、生产、营销和售后服务整个生命周期的数据化和智能实现：湖南省长沙市湘峰智能设备股份有限公司。
㉗广东省农垦总局农业农村大数据实践案例：广东省农垦总局。
㉘温氏食品集团股份有限公司大数据技术应用实践案例：广东温氏食品集团股份有限公司。
㉙重庆万源数字化蛋鸡养殖 ERP 管理系统大数据案例：重庆市万源禽蛋食品有限公司。
㉚生猪活体网市大数据实践案例：重庆市荣昌区农业委员会。
㉛重庆市农产品市场大数据实践案例：重庆市农业信息中心。
㉜海升农业大脑——从种植经济到产业基础设施服务：陕西海升果业发展股份有限公司。
㉝鲜致网上农贸市场电商平台：宁夏银川华信智信息技术有限公司。
㉞农产品质量溯源服务平台：宁夏西部电子商务股份有限公司。
㉟水产养殖物联网技术应用：宁夏灵武市金河渔业专业合作社。
㊱农村科教云平台大数据分析试点案例：中央农村广播学院、我国农村信息化工程研发中心、袁隆平农业高新技术控股公司。
㊲国家智慧农业科技创新联盟实践案例：国家智慧农业科技创新联盟（中国农业科学院农业资源与农业区划研究所、黑龙江省农业科学院、中南大学、北京合众思壮科技股份有限公司）。
㊳全国农保姆大数据服务试点案例：国家农村信息化工程与研发中心。

大数据充分利用互联网上的海量信息，通过找寻不同数据间存在的规律和联系，建立目标与其他因素的相关性，实现通过数据分析进行决策。近年来，由于物联网、云计算和遥感等现代信息技术在中国农村全程中的广泛应用，农村数据呈现出海量暴发态势，从而为大数据与分析信息技术在中国农村领域的广泛应用奠定了基石。农业大数据分析是大数据理念、技术与方法在农产品应用领域中的具体实践，它融入了农产品地域性、季节性、多样化、周期性等自身特性，并涵盖了耕种、养殖、种植、受精、植保、生产过程管理、采收、加工、储运、营销、养殖、防疫、屠宰检测等各个环节，因此必须运用特有的信息技术与分析方法，来获取其中的大量潜在应用价值。农产品大数据分析适应了现代农业发展的新需求，对于促进现代农业发展具有意义[3]。

由于强大的农业基础研发水平与实力，美国、荷兰、以色列、日本等发达国家已在农产品的数字模型设计与仿真、农业知识计算与农业知识发现、农产品可视化与交互服务引擎等基础技术开发、计算、建模等方向上居于全球领先地位。利用图像识别、机器学习等技术手段，把农业领域的大量结构化和非结构化数据转换为知识库，从而进行农业智慧决策，以达到部分甚至全面取代传统人工决策，从而提高农业决策的科学性和准确率。

六、农业精准装备技术

农业精准装备是实现农业作业闭环的关键一项，是现代农业科技创新的重点领域。农业精准装备是指应用于精准农业的农业机械装备，它集成了3S技术、自动化技术等高新技术，能实现精准定位、定时、定量，是实施精准农业的有效工具，是助力我国传统农业改造的有效工具。

在农产品生产装备的智能化研发机器应用领域，像德国、日本、英国、美国等发达国家的进展比较快，大多数农产品的生产作业环节（包括农产品的现场分类、标记、打包、水果蔬菜的移植、嫁接、施肥以及成熟后的收割，畜类禽类的喂养、清洁等）都投入了大量的机器以代替工人，此举的好处非常明显，那就是大幅提高了农民劳动产出的效益，消除了工人在某些危险工作中的风险。例如，美国的Abundant Robotics公司创造了一种可以完成自动采摘苹果的智能机器人，可以精准识别成熟的苹果，并能够以平均1个/秒的采集速率，持续工作约24小时；瑞士的EcoRobotix有限公司研发的用以进行田间除草工作的机器人可以准确识别和辨认田间杂草并使用机械手臂喷射除草剂以清除杂草，除草剂使用量可降低为原来的1/20，将农业的相关生产成本节省30%；而爱尔兰的一家名为MagGrow的有限公司研发出了杀虫剂喷射机器人，该机器人利用永久性稀土材料磁体产生的电磁荷，可克服杀虫剂漂移问题，将杀虫剂的使用率降低了65%～75%。

1. 定义与特征

概念：农村精准装备是指具有人类智慧行为特征的农村智能硬件装置及软硬件集成系统的总称。农村精准装备，可以全面取代或部分取代人进行某些繁杂的农村工作目标任务，一般分为基本农业智能机具、农用智慧仪表装置以及采用硬件设备的农用智慧控制系统。目前国外先进农业机器装置科技，已经开始逐步融入中国现代微电子技术、仪表及控制、农村信息技术等，向智慧、机械一体化方面迅速发展。农业精准装备技术将是中国 21 世纪初现代农业科技发展的重要方面。就目前世界上农械装备产业的发展进程而言，其实正是将农业机器装置的专业科技，进一步融入机械液压、仪器仪表、自动控制、微电子产品、信息技术与生物材料等科技，并向着农村智慧、机械电子产品一体化方面迅速发展的过程。

特点：一是精确智能。现代农业精准装备反映的是农民节约生产资料和耕地效率的最优化思想。农业精准技术装备主要由定位系统、土壤信息收集系统、农业遥感检测系统、农业专家系统、智能农机控制系统、农业环境监测系统等多种智能系统组成。这样，农业精准技术装备在节省生产资料、调动土地生产力和改良自然环境等方面就可以实现最高的经济效益和最好的环境效益了。二是农业自动高效。农业精准装备一般都设有自主控制器，能够自主地完成一系列的复合式动作，从而代替了很多人为的机械动作，既减轻了作业人的工作劳动强度，也大大提高了效率。三是安全可靠。农业精准装备配备的各类感应器能够即时监测种植区自然环境、农机作业状况和作业环境条件，并依据收集的数据信息适时调整工作状况，规避某些恶劣的作业环境，时刻保持自己健康的工作状况。所以，农业精准装备比传统农机更具安全性、可靠性。四是多能应用。农业精准装备的中央处理芯片功能强大，实施功能、实施策略的软件程序调节容易，仅须调节环境参数、判别要素和实施顺序等，便可运用于不同的作业对象、作业环境，或实施不同的功能。而智能操控装置体型较小，更易于移植到不同的农业机具上，极大增强了农业农械的实用性和使用效果。

2. 应用案例

（1）案例 1："互联网+"农机深松作业监管与服务系统

农机深松化工程现场作业监管及服务管理系统，由中国农村智能装备工程研制中心开发，该系统集成智能传感器技术、卫星定位系统技术和无线通信信息技术，进行对耕地、整地技术工作状况识别、土地面积计量、深度监控和数据分析信息内容即时回传，利用作业管理服务器系统软件和耕整地作业管理服务客户端系统软件，可以完成对耕整地技术现场作业监控服务终端数据回传信息内容的分析、现场作业量计算、现场作业品质分析、现场作业建筑面积计算、数据分析信息内容存储和相关数据资料信息分配等服务功能，利用管理服务器端系统软件可以完成对农械工程作业现场位置追踪、现场作业品质监控、现场作业建筑面积计算、视频监控、历史轨迹回放、授权管理、用户管理、地图使用等功能。系统实现了远程实时监控农械在深松作业检查时的岗位信息内容、农械工作状况、深松作业检查时数及其深松作业检查品质等作业检查信息内容，完成了对深松作业面积检测、深松作业质检、农械具质量管理和深松作业补助监督管理的智能、联网和高效化管理工作，极大改变了当前由农械机构组织人员以抽检为主的传统检测方法，从而降低了工作量和强度、提升了检查效果、增加了检测的覆盖率、减少了偷领、骗领深松作业检查补助的现象，并完成了对农械深松作业检查补助的有效监督，为深松作业补助核算工作提供了量化基础，提高了农械作业管理信息化水平。

截至目前，中国农机深松作业数字化监理业务系统软件产品已在山东、安徽、河南、乌鲁木齐、内蒙古、陕西等18个省市累积装机8 000多套，系统检测结果显示深松作业覆盖面达800余万亩，回传资料信息总量：3 800G。有效提高了资金跟踪监控管理工作的准确率，高效地降低了监理单位的人员成本支出，有效缓解了市场监管压力，提高了农械作业管理数字化技术水平。高效推进了新兴信息技术在农村应用领域的产业化运用，高效推进了高新技术向现代农业的转化，推进了产业科技发展，高效推进了主导产业发展与农产品竞争力的提高。为我国在卫星定位、物联网等新型数字化建设行业的蓬勃发展提出了技术保障，高效地加快了城市型现代农业经济发展和国家创新型城市的构建步伐，并透过研究成果转换和科技咨询服务，进一步提升研究单位的经济效益，提高可持续发展能力。

（2）案例2："互联网+"水肥一体化

重点进行了农业作物水肥经营管理策略研究、水肥一体化装置开发研究和水肥集群管理系统建设等项目。已研究8个适合于各种种植粮食作物、栽种模式的水肥一体化装置系列，已形成的由土壤环境参数、粮食作物生长与发育信息、经济作物生长与发育信息耦合的优化水肥经营管控方法，可实现对农业作物水肥的按需精量管理；形成的有机水肥一体化装置系列，兼有机液肥与发酵作用、水肥一体化装置信息管理与水肥决策等技术于一身，通过管理农业作物的成长变化规律和条件变化规律，以达到与有机水肥融为一体的精细化和自动化经营管理水平；通过物联网技术建立了田间水肥综合管理体系，适合于大型园区以及蔬菜基地中的小麦、玉米以及葡萄和水果等十多个粮食作物的水肥一体综合管理工作。

通过有关的研发工作，已申报国家专利22件，现授予10件。科技推广模式采取在北京市郊区地区小范围运用、继而走向更全面的发展战略，不但在北京市的十多个郊区县，同时也在新疆、重庆、贵州、吉林、宁夏、内蒙古、山西、陕西等省区都有广泛应用，适用对象也已从设施蔬菜延伸至大田作物、水果生产和农渠水利及智能系统建设等。使用效益研究证明，与传统农业经验管理（滴灌施肥）相对比，采用优化水肥控制策略的水肥一体化装置，在化肥施用量降低25%左右、节水20%左右的前提条件下，可增产15%以上，降低用工近20个/亩，节约人工成本1 600元/亩［80元/（人·天）］，达到了灌溉效率提升40%以上，肥料利用效率提升55%以上，并产生了可观的经济价值与社会效益。

（3）案例3："互联网+"土壤墒情监测系统

我国农业土地墒情监测信息系统通过进行耕地土地墒情观测工作，及时了解耕地土地墒情的变化，及时发布耕地土地墒情信息，可以及时高效地为农业种植业结构调整、防涝抗旱、科学合理灌水、进行节水农业等社会化服务提供技术依据。通过网络化土地墒情观测平台的建设，还能够为地方各级政府部门和领导干部及时掌握农业土地墒情现状和变化趋势，采取相应的防涝抗旱对策，为科学合理地指导农业生产活动提供有力的科技保障；同时还可以积累大量的农村基本统计分析资源，为自然资源的有效调度、科学技术有效浇灌、节水农业生产科学技术研发、发展农业生产活动等方面提供了重要的基本统计分析资源，有重大指导性。系统研发与外国同等品种比较具备了同样特性和准确度，但生产成本却降低了30%～50%；在信息系统集成、产品销售多样性、软硬件配套性以及信息系统使用准确性等现代化技术水平上，遥遥领先于国内外同等商品。

截至目前，已在中国国内的 25 个城市设置了 1 200 多套固定式远程自动墒情检测站和 2 000 套区域移动墒情检测站，应用各类土壤观察传感器 30 000 套，总应用建筑面积 11 338 万 m^2，增加粮食产量十几亿斤，平均每年节水达 20 亿 m^3，实现了 40 多亿元的经济效益。项目实施过程中，对中国基层农业生产者和农技推广者进行了土地墒情监测技术和农业产品使用技术方面的相关技术培训 22 480 人次，对提升中国农业生产经营与管理的总体能力发挥着很重要的作用。

（4）案例 4："互联网+"农业机井灌溉用水计量管理系统和信息公示平台

农业机井浇灌加水测量管理系统和信息公示平台根据目前的农业浇灌加水状况，总结了目前设施建设和管理系统中存在的问题，以国家最新水管理工作政策法规为引导，面向农业机井浇灌加水的精密测量与定额管理工作，并通过射频信号辨识科学技术、物联网信息技术，与地方信息体系技术相结合，完成了对农业区域浇灌加水的整体规划、定量管理工作、加水数据消息统计分析、大数据分析和管理决策等功能，为农业浇灌加水规划的宏观决策和水分限额管控提供了科技保障。

当前平台已涵盖了京津冀区域内共 1 800 眼机井，所有机井的用水信息均可即时上传至信息发布平台，利用网络平台可给下设地市分配年度用水定额，可通过在各地校准井参数给各个区域设置不同的水电计算系数。同时还能够对各个区域、各种时间的用水状况进行大数据分析，以迅速了解实际用水状况并获取预警信号。信息系统的建立极大地提高了京津冀经济区域水质监控能力，为水资源管理、分配利用提供了基本数据和基础，有助于把全国水质监控能力和水资源管理提高到全新的水准。同时，对构建节水型社会、缓解大中城市水质供求问题、推动各种资源协调配置、促进各种资源优化配置，有着重大的积极意义。

七、人工智能技术

1. 定义与特征

人工智能是研究用电子计算机来模拟人的一些思维和智慧社会活动（如进行学习、逻辑推理、思考、计划等）的科学，主要包括利用电子计算机进行智慧的工作原理，以及建造相似于人脑智慧的计算机系统，使电子计算机能够进行更高级的应用。实际运用中涉及机械视觉、指纹识别、人脸辨识、视网膜辨识、虹膜识别、掌纹辨识、专家管理系统、自动策划、智慧搜索引擎、定理求证、博弈论、自动编程、智能控制、机器人教学、编程语言与图形的理解、遗传编程等。

（1）利用计算和数据分析，为人们提供信息服务

从根本上讲，人工智能系统应该以人为本，因为所有软件系统都是由人们设计制造起来的机械，根据人们设计制造的程序逻辑或软件算法，利用人们开发的智能芯片等硬件技术载体来执行任务或管理工作，其本质是信息计算，利用人们对数据的收集、加工、处理、分类和数据挖掘，建立价值的信息流和认知模式，来为人们进行或扩展人类能力

上的服务工作，并完成对人们所预期的某些"智能行为"的模仿。

（2）对外部环境的了解，与人交流互补

人工智能技术要形成智能化的感知体系，能够借助多种传感器和感知设备，可以模仿人对声音信号、图像信号、气味信号、触觉信号等的感知和获取环境信息，对外部输入形成文本、语言、肢体动作、表情、动态（控制执行机构）等必要的反映，以至影响到周围环境以及人体。通过控制按钮、键盘、鼠标、接触屏、动作、体态、动作、力量传递、虚拟现实/强化真实等方式，人和机械技术之间能够形成沟通和相互作用，让机器设备更加"了解"身体乃至和身体一起协作、相互促进。这样，人工智能系统就可以协助人们完成人类不喜欢、不愿意但机械却可以进行的事情，而人们也适应于去做更要求创意、洞悉力、想象、灵巧、多变性，乃至更用心领悟的某些事情。

（3）拥有自适应和学习的特性，并能够演化与迭代

人工智能系统在理想状况下应具备一定的自适应特征与学习能力，即系统具备相应地随环境、数据及任务改变，而自动适应调整参数以及更新优化模式的能力。同时，系统可以在此基础上通过与云、端、人、物等越来越广泛深入的数字化连接与扩展，完成对机器客体乃至个人主体的进化迭代，并使系统具备高度适应性、灵活性、可扩展性，来适应日益多变的实际环境，进而使人工智能系统在行业中形成更丰富的特征应用。

2. 案例介绍

（1）土壤、病虫害探测等智能识别系统

传统农业在很多领域都是通过人工的方式，比如土壤质量检测、农作物病虫害防治、家畜家禽病害防治等，而这些领域都可以结合人工智能技术进行改进，提高智能化和自动化水平。比如土壤质量的检测，美国IntelinAir公司研发了一种无人机械，这种设备是利用核磁共振的原理，采集到的土壤信息传到平台中，借助人工智能技术，建立专家诊断系统来智能地判断土壤肥沃情况，并根据土壤情况智能推荐适合种植的作物，提出种植建议。而在病虫害防治领域，可以利用人工智能和图像识别的方式，通过对农作物的叶子进行图像分析，判断可能存在的病虫害问题，并提出合理的对策建议。目前该智能识别系统对判定14种作物的26种常见疾病的正确率已经超过了99%。美国Descartes Labs公司在作物的产量预测方面做了一些工作，采用人工智能和深度学习的知识与技术对由农业卫星收集到的数据进行分析，得到卫星图像和农作物产量之间的关联，通过这种关联可以从卫星监测图像预测农作物的产量。经过测试验证，该方式在农作物产量预测的优越性远超传统的预测方式。在畜牧业领域，来自加拿大的Cainthus公司使用人工智能和机器视觉的技术，对牛场中的奶牛照片进行分析和处理，识别出奶牛的精神状况和身体状态与牛奶产量的关系，以便于农场人员可以准确把控奶牛养殖情况，调整养殖方式。

（2）播种、耕作、采摘等智能化机器人

在传统农业中，种植、耕作、采摘等都是由人工完成的，现代批量作业中虽然使用了农业机械，但主要还是由人来进行操作，效率还是较为低下，智能化程度不高。新型农业在这些环节中引入人工智能技术，能够显著提高农业生产的效率。在农作物播种领

域,美国一家名为 David Dorhout 的公司成功创造出可以实现智能化播种的机器人,这种机器人可以自动地通过传感器监测当前播种区域土壤的状态,然后利用人工智能技术对土壤信息进行处理,根据算法学习到的经验最终计算得到一个合理的播种密度和工作安排,并自动完成播种工作。在土地耕作领域,美国 Blue RiverTechnologies 公司结合人工智能的图像识别技术发明了一种耕作机器人,这种机器人在执行耕作行为的同时,会使用摄像头实时拍摄耕作区域的植株图像,结合人工智能技术进行图像识别和训练后,可以快速地从这些图像中分辨出种植植物和杂草,并根据杂草的密度和生长状态选择合适的农药种类和剂量进行喷射,以去除杂草。除此之外,该人工智能还能够对作物的疏密程度和健康状况进行分析,一些没有继续种植价值的作物也将被清除。据估计,这种机器人能够为农民减少 90% 的农药使用。在农作物采摘和收割领域,也可以使用人工智能技术提高工作效率。美国的 Aboundant Robotics 公司创造了一种可以完成自动采摘苹果的智能机器人,这种机器人的特点也是使用人工智能和图像识别相结合的方式,对苹果树进行图像采集和机器识别,快速地找到树上已经成熟的苹果,随后控制高精度的机械臂完成采摘工作。保证苹果在采摘过程中完好的前提下,该机器人可以达到平均 1 个 /s 的采集速率,已经比人工快了许多。

人工智能在多个领域的大范围使用使得这项技术快速走向成熟,同时人工智能技术的发展也推进了农业生产的进步,引领农业生产进入智能化和自动化的阶段。人工智能的深度使用可以让更加精确的机器人代替人类进行农作物的种植、耕作、收割等工作,在这些工作量繁重的领域效率远高于人类员工,而大幅降低农业生产过程中需要的人力数量。同时人工智能也给机器人增加了更加聪明的"大脑",以释放人类的创造性和管理能力,这不仅能够让农产品的生产更加高效,也可以让农民减少因长期艰苦劳作患上职业病的概率,可以说是意义重大。

3. 国际农业人工智能发展情况

人工智能在农业领域的运用已经引起了世界各国的重视。结合自身发展条件和实际情况,各国都已经迈出了探索的脚步。

(1) 信息化模式

美国和日本原本就有非常强的信息化基础,将信息化技术与人工智能结合起来,在智能化农业设备的研发、信息化系统的建设上已经步入了快车道。美国小麦、玉米的主产区中,有将近 40% 的农场引入了人工智能技术,这一数字在大农场上更加惊人,达到了 80%。据统计,在引入了人工智能技术之后,不仅成本降低了 15%,而且产量增长了 13%,收益的增长非常明显。

(2) 数字化模式

在农业领域德国和法国更加注重数字化。目前,德法两国的数字化已经与人工智能相结合,走出了一条不同于美日等国的道路。德国和法国的农业存在大量大型机械,人工操作耗时耗力,在引入人工智能实现生产的数字化之后,每一台大型机械都可以与 GPS 通信,结合现有的 GIS 系统,机械的操作者只需要将机械切换到 GPS 模式,机械就能在卫星的控制下进行精确作业。不仅误差低,而且能够快速估计产量。相信以后还能更进一步使用机械完成施肥等工作。

（3）自动化模式

荷兰在人工智能和农业的结合上则更加偏向于自动化。由于荷兰温度较低，保证农作物在合适的温度下生长是重要基础。人工智能与自动化技术的引入推动了传统温室的更新换代，现在已经能够对环境中的光照、气温、供水、肥料、二氧化碳等因素进行实时监控和全自动控制，同时也能实现自动化采摘，大量减少了人工的使用。

（4）"节水农业"

以色列所在地区相对比较干旱，因此农业的发展总是围绕着节水这一主题。以色列将物联网技术与人工智能相结合，开发了一套滴灌系统。该系统使用传感器实时监控土壤的干旱程度，并将数据发送给运行人工智能的计算机，由人工智能来判断什么时候给水以及给多少水。该系统极大地降低了人工的使用，同时也有效节约了水资源。

第二章 智慧农业发展现状概述

世界各国、国内各级政府都十分注重智慧农业的发展。许多发达国家和地区的政府、机构都纷纷推出了智慧农业发展规划,并因地制宜地探索形成了符合自己实际的智慧农业发展模式。目前,部分先进国家利用各种智慧设施使智慧农业发展已实现了全球领先水平,因地适用、创新的现代农业发展模式也正在形成并在不断完善,精细化农业产品管理、节约人力物力投资、提高生产能力和质量也正在逐步实现。智慧农业作为中国农业经济发展的高级阶段,近年来国内多地亦开始启动了智慧农业布局研究,以感知为前提,将人与人、人与物、物与物之间全面交互的平台建设完成,中国智慧农业大局初现。

第一节 国外智慧农业发展现状研究

发达国家的智慧农业实践与成功经验证明,智慧农业科学以技术发展为主要推动力,将智能技术全面渗透到了农业应用领域中,在生产和营销等环节,利用农产品物联网和大数据挖掘,完成了对农产品整个生命周期和全部生产流程的数据共享和智慧决策;在流通环节,进行农业电商的不断转型与提升;农机装备向高科技、智能化、资源节约、环境友好方向发展,且覆盖农业全领域与农业生产全过程。同时,政府为智慧农业发展提供强大的技术和政策支撑,构建形成完善的农业科研体系,产学研紧密结合,农业科技贡献率达 70%～80%。

一、国外智慧农业发展概况

当今世界掀起了开发建设智慧农业的热潮。在一些起步较早的国家,政府支持、技术研究和新技术应用已经开始取得快速进展,并达到相当规模。特别是一些农业比较发达的国家,经过一段时间的探索和发展,在智慧农业应用领域已经处于领先地位,结合自身国情的现代农业发展典型模式开始逐步建立。精细农业现代化管理、人力物力资本等资源节约、生产力和质量提升都成为现实,为农业发展中国家的智慧农业发展提供了可参考的农业发展模式。

如今农业较发达的国家已基本上形成了符合自身国情的农业技术研究系统,实现本国智慧农业发展迈向新台阶,进一步提高了农民的产出效益。《2018智慧农业发展研究报告——新科技驱动农业变革》中指出,根据不同的农业应用领域和类型,智慧农业主要表现在数据服务平台、农业机械自动驾驶、无人机植保、精细化耕作四个方面。在各个方面的应用比例不同，在生产领域应用最为广泛，占比超过50%。

二、国外智慧农业发展案例

1. 美国模式的智慧农业生产发展现状

美国的农业发展早在20世纪40年代就已经基本完成农业机械化和规模化的普及，在2017年美国已经依靠不到总人口1%的农业从业人员，成为占全球粮食贸易总额34%的第一强国。与此同时，美国也积极地将计算机和信息技术知识应用在农业发展中，并由此创造农业专家诊断系统，帮助农业从业人员的工作。在20世纪80年代美国就提出"精准农业"的概念，由政府部门主导每年向农业数据网络建设、技术推广以及在线服务拨款十多亿美元，支持互联网和计算机在农业领域的发展。在此背景下，美国研究中心在农业自动控制和互联网信息技术平台上成功实现了农产品信息的共享和互操作，使得农业决策支持系统得到了广泛应用。随着农业信息智能技术的日益提高，美国农业装备迅速向综合智能、人机和谐舒适的新方案设计目标发展。如今，美国农民可以使用GPS系统、卫星遥感系统、地理信息GIS系统和农业专家系统、农业智能设备监管、农业环境监测系统等多种信息化手段进行农业精细化作业。例如，智能浇水、合理施肥，精准控制喷洒等作业。美国成为"精准农业"实践表现最好的国家，在一定程度上推动了"智慧农业"在美国的蓬勃发展。目前美国将应用物联网技术到"智慧农业"发展的水平已经处于全球首位，智能化、精准化农业道路的发展实现了农业产业链的新革命。

通过对不同时期不同特点的美国农业科技企业的分析，我们可以看出美国农业生产的主要特点如下。

一方面是以"精准农业"为核心结合物联网的现代化生产发展方向。1993年美国科学家在一次农田的试验中发现GPS指导施肥后的产量比传统平衡施肥技术获得的产量提高了近三成，同时肥料使用数量也大大减少，创造了较好的经济收益。如今，在物联网科技的大环境下，美国在"智慧农业"领域已名列世界前茅，在农业产业链上实现了全面改革升级。通过农业物联网技术和大数据分析，对农产品生产和运营环节进行大数据分析，就可以对农产品整个生命周期和全生产流程中的重要信息进行共享和智慧决策。在美国中西部的大型农场管理中，玉米、大豆、甜菜等作物的种植常见于互联网信息。FarmLogs和Cropx作为美国智慧农业的代表企业，极大地体现了它们作为智慧企业的作用。Cropx企业开发出农业智能灌溉以及为智能化生产服务的装置和控制系统，在美国密苏里州、科罗拉多州和堪萨斯州近5 000亩耕地中广泛应用，其开发的土壤监测硬件，能够采集并探测地势、土壤结构和水分等数据，在农田建立起土地的"物联网"，以帮助农民节省大量的灌溉用水。2011年通过云端平台为广大农业生产者提供生产管理智能化方案的公司FarmLogs在硅谷创立，开发了移动及掌上农业管理系统，目前该系统已经在超15%的美国农场生产中得到了使用，农场主可以通过电脑内系统界面及移动端的App来管理农场，实现在线指令发布。

另一方面是以智慧化农机技术、信息化技术为基础的规模化发展的智慧农业生产体系。由美国农业部公布的统计数据可知：年销售额超过 25 万美元以上的美国农场，有 70% 以上在农业耕种业务中采用网络，即便比较小规模的农场，也有大约占比 40% 使用网络，基于美国工业的先进水平，农业生产智能装备的日趋完善，采用智慧作业、智能引导、机械收割等应用，提高农机的工作效率。信息技术在美国农业产业环节中主要包括两方面：一是广泛应用于种植业，在其西部区域应用得也更多，把这些信息技术用于各种农业耕作播种；二是应用于农业自动生产监测系统，通过研发并运用农业相关的技术科学，完成了快速储存信息与归纳分类信息等各场所的第一手资源，系统可以通过获得数据资料进行大数据分析，并通过自动化方法以不同的水量浇灌各种土地，借此可以更加节约资源，并更好地监测和维护整个农田的土壤肥力。

此外，科技的进步离不开人，同时要想科技的使用者能够准确地运用科技带来的产物，就需要提升人的整体素质。根据美国农业部统计资料指出：1990 年美国 25 岁以上的农民中学历为高中及以上的占比 2/3，这在美国智慧农业整体快速发展进程中奠定了坚实基础。根据新农业法草案规定，2013 年起美国政府会拿出 5 千万美元的法定基金给涉农院校以及一些公益性质的工会，并通过制定教学计划来增加农民对智慧农业的生产技术或是运营管理的综合型才能。在此基础上，美国还发布了一系列举措来提高中等农业水平的培训教育。例如，由农业专家在夜校对农民开设相关农业类知识的培训，以此来提高农户对新兴事物的接受能力，或者是在学校开设课程培养专业农业技术人员，提升农民整体的农业技术职业素养。

2. 日本模式的智慧农业生产发展的现状

日本与美国的国土相比面积较小，但是日本的人口总量却非常大，人均耕地较低，约占美国的 1/17。由于土地的稀缺和高价值，日本智慧农业的发展方向主要是集中化的全自动生产方式，采用工厂工业化生产的模式，提高农业设备和材料使用效率，提高集约化生产模式，以弥补农业资源相对供给短缺的问题，提高农产品的产品和附加价值。在农业生产过程中，种植技术和农业知识对农业生产效率的提高起着决定性作用，通过互联网实现种植技术和知识数据化，为农业实现智慧化生产提供支持。

第一，发展农业物联网。2004 年，日本政府开始把发展农业物联网技术当成重点。当时日本总务省提出来制定 U-Japan 的发展方案，该方案的核心就是建立人、人与物、物与人与物间的关系，以实现单个人或单个物品能相互联系、随处可见的互联网社区，其中就包括农业物联网技术。2014 年，由于物联网、互联网技术的发展，在日本农业物联网技术日渐兴盛，越来越多的农场使用了信息技术和物联网技术改造提高生产力，同时对农业产业也产生推动，提高农产品的流通能力。通过对自动化技术的应用也缓解了农业劳动力短缺的问题。截至 2020 年，根据日本农业部门的统计，在农产品生产和流通方面已经实现超过 1 万亿日元出口额的目标，其中农业物联网规模也达到 600 亿日元的产业规模，在超过 75% 的农业区域已经接入了云计算技术。而现在日本已经制定了十年的规划，大力推广农业机器人、大数据农业等信息化升级，预计的农业机器人市场份额达到 50 亿日元。在 2015 年底，为了解决日本农民人口总数少的困局，PSsolutions 公司提出了日本农村物联网应用解决策略 e-kakashi，又名电子稻草人解决方案。在经过政府的有效整合之后，日本共有23个都县启动执行了这套解决方案，将该技术运用于农田中，从而能够对耕地进行远程监测与数据采集，把农民利用农地传感装置所收集到的空气湿度、阳光照射、CO_2排放量、光照、天气温度等关键数据，并利用LTE通信技术分析决策，从而协助农户找到最适宜于不同粮食作物种植的最佳的生长环境，从而增加了粮食作物的产出。

第二，日本高度重视农业科技的发展。2017年12月底，日本农林水产省发布了同年农业科技十大新闻，排名第一的是采用通信、物联网技术开发的水田自动控制系统，这也是日本首个使用智能设备对水田实施监测管控，并能实现对排水系统进行远程控制的功能。目前，日本根据实情开发多种轻便并具备功能的农业设备进行栽培与管理工作，包括育苗种植装置、自动嫁接装置和智能化加温控湿装置等。

日本在智慧温室开发过程中，从栽培环境上开始进行了人工模拟再到计算机控制，逐步增加了栽培品种类型，从少量栽培到批量栽植；在栽培技术方面已完成了从固体基质种植到水培、雾培的过渡，在栽培结构方面已完成了从单层到多级立体种植的过渡，在栽培过程中所需的灯光完成了从依赖太阳光到依靠LED灯的过渡，栽培工作已完成了机器人取代人工操作的现状。截止到现阶段，日本已经成为全球拥有智慧温室最多的国家，并且在全世界智慧温室的数量当中，日本就占了其中的一半以上；因此日本已经成为全球智慧温室发展水平最高的国家之一，其中本国发明的人工光利用型智慧温室技术已经处于世界领先地位，因借助本国制造业的优势及与之配套的相关装备和设施先进技术，实现了高程度生产的自动化和智能化。

第三，日本政府注重以信息技术服务农业科技生产。日本通过对自己国家的29个国家层级、381个地区层级的农业类的研发机构和570个地方所属农业进行了优化改造，终将实现了互联网的全面覆盖，人们可以通过品种和地域的特点在互联网上查找至少271种农作物的栽培要点，截至目前，共有570个地方农业改良与普及中心在农业协会和农民直接建立了互联网合作交流。同时，日本政府也十分注重农村计算机的普及与应用，如果日本农户购买电脑，政府会给一定的补贴，鉴于日本农业人口呈现老龄化，大多数是年龄在65岁以上老人的现实，日本专门设计开发老年人的使用界面，同时还成立了各种类型的培训班，政府委派农技指导员给农民传授现代化的农业技术，教授农业从业人员使用电脑，从而促进智慧农业在农村的普及。

3.西欧模式的智慧农业生产发展现状

欧洲农业发达国家是以法国、德国、英国、荷兰等为代表的西欧国家，大数据整合精准农业的数字农业是欧洲智慧农业的发展思路，借助欧洲自身强大的工业背景，实现农业生产过程中的高度机械化，同时发展农业生产技术，依托科技来提高农业生产效率。

（1）法国

与美国和日本相比，法国的人均耕地面积仅为0.28hm^2，是处在一个中间地位，按照当时的欧洲经济发展状况来看，在农村也出现了劳动力短缺的情况，也有人均耕地比较短缺的阻碍。由于法国传统农业发展也是以小农经济为主，发展智慧农业要进行农业制度和产业的变革。由于法国的地理特色，农场耕作面积较小，80hm^2以下的农场占到了

80%以上，因此要积极地采取多个小型农场合作经营，再通过规模化种植和农业现代化机械的使用来弥补耕地面积不足的问题。目前法国是欧洲最大的农业生产国，其农业生产总值占欧盟农业生产总产值的22%，农产品出口总额在欧盟长期居于首位，同时在世界农产品出口排名中占据第二名。法国不仅自然气候条件良好，环境适宜于各种农产品发展，同时，法国农产品的专业化和科技化水平也达到了全球的领先水平，大大提高了农业生产效力。精耕细作结合信息化体系是法国在农业的现代化、智能化生产进程中发展的方向。

一方面高水平的农业机械结合大数据提升了农业生产效力。依靠自身的工业背景，积极推进"以工哺农"的发展方式，引导农业朝着自动化、智能化进程迈进，实现精细化生产。另一方面在农业生产中广泛运用农业信息化系统。历经几年发展，当今法国已经拥有了非常完善的农业信息大数据库，大量的农业类信息经过全国各级农业部门的收集、整理及发表，内容涵盖了种植、捕捞、畜牧等农业生产流程信息和农产品加工技术等。最近数年的发展趋势也表明，一个"大农业"农产品资讯数据系统已经在国家的着力建设下，开始逐渐形成了。在法国政府的大力推广下，法国农人可足不出户，在家中通过互联网就可了解到所需农产品资讯。同时，在市场上很多农业专业协会自发地建立，这些协会将利用网络有偿提供给农户所需要的更为细致和专业的农产品信息资讯。因此，法国农人可以在了解贯通翔实的农业资讯后，有针对性地调整农田产物的种别以及生产，并达到农业效用最优化。

（2）德国

根据农业联合会的统计资料表明，和1984年比较，如今一个德国农民可供养144人，这一数字翻了接近3倍。但要想从根本上解决全球饥饿的难题，每一个农人至少供养200人[4]。这就要求要有更为高效、可持续发展的农业技术改革。德国的智慧农业发展方向以工业、数字为优先。将大数据分析与云计算应用结合起来，每个农田的温度、水分、湿度、土壤、位置等相关数据都传输到云端，运用云网络平台完成大数据分析处理，最后，处理后的数据会自动传输到更现代化的大中型农业机械上，指导农民精细工作。

一方面德国积极开发农业新技术结合数字化，帮助农民优化生产，提高生产效率。德国政府也大力支持发展农业科技，在农业科技方面投入了巨大的资金，同时出台相关政策鼓励龙头企业开展"数字农业"的研发。根据德国机器和装备制造联合会的数据显示，德国2016年在农业技术开发上已投资了约计54亿欧元。在汉诺威消耗电子、信息及通讯展览会上，德国知名软件开发企业SAP公司创新推出了"数字农业"政策实施方案，通过这些政策能在计算机上显示各类信息，比如在某块田地播种何种作物、作物光照影响情况、土壤中水分和肥料使用情况，农民可以根据显示信息选择择优方案以此来提供农业收益。

另一方面发展网络机械一体化的智能化生产体系。当今大型农业机械都是通过全球卫星定位系统（GPS）导航系统来实现精细作业控制。农民只要输入GPS导航模式指令，农业生产设备就可以根据卫星数据进行精确化作业，并且可以把误差范围控制在几厘米以内。有着德国机械制造商科乐收集团（CLAAS）与德国电信联合研究，使用传感器技术来通过由第四代移动通信技术组成的交换信道进行了机械内部的交换,接着利用大数据技术进行数据分析,同时凭借云技术来确保数据的安全性,实现生产作业的自动化。2014年,德国电信开发出了大数据奶牛饲养监测技术,把温度计、传感器等相关设备在养殖场进行安装,农民利用这些设备就可以监测奶牛的生活信息,包括受孕、产仔的时间以及其他信息,养殖户可以轻松自如地在手机上查看养殖场相应的数据信息。

(3)荷兰

荷兰在西欧是一个人均农业占地面积不到世界水平一半的农业小国,而荷兰人却能够做到占据全世界9%~10%农作物产出的奇迹,其中马铃薯、蛋类、奶酪及番茄等农作物的总出口位于世界第一,特别是马铃薯在全球农业市场占有60%以上的市场份额[5]。荷兰这一现象离不开在农业技术和设备领域的发展。荷兰已经有多种先进的农业科学技术投入使用。第一,世界领先的无土栽培科技。荷兰人在采用先进无土栽培科技设施的农业园区中超过了90%以上,管理人员以大数据分析结果按照作物的各个生长发育周期调节营养配方,按照最适合农作物生长的条件提供养分和水分。第二,精准化的农作物供水系统。在农业园区内使用智能调节的供水管理系统,依靠农业大数据和农业专家,根据作物的生长周期,提供最合适的用水量和灌溉方式,并结合光照、环境气温等进行智能调节,既可以保证作物正常生长发育的需要,也可以防止因过度浇灌而导致水资源浪费。第三,开发了雨水收集系统。荷兰年降水量约800mm,不同地区不同季节降水量分布相对均衡。而农作物在不同生长阶段需要的用水量是不同的,为了充分利用雨水,荷兰的农业园区安装了各种类型的雨水收集系统和雨水管理系统,对农业用水和雨水供应进行调节,其雨水浇灌占据了供水浇灌量的一半。第四,发达的循环灌溉技术。农场使用智慧化和自动化的循环灌溉系统,全封闭管理灌溉工作,能够将种植营养液温度经消毒后利用并再次使用,从而能够对水分、养分达到超过90%的循环利用率[6]。

(4)英国

在智慧农业发展过程当中,促进了农村生产、市场化和"大数据"、信息化的合理融合。实现对农作物产出链条的数据集成,通过统计分析、构建模式和可视化智能数据分析等方法,提高农作物产出效益。

第一,农业技术战略。2013年,英国政府制定了"农业技术战略",将"大数据"和计算机技术有效结合,提高农业生产率。作为战略制定者之一的爱丁堡大学信息学院科林·亚当姆斯表示,农业正在变成世界最后一个面对信息化、数字化的行业,大数据将成为未来农业部门影响市场的首要因素,也是增加农业作物产量以及畜牧业产量的主要途径。将来的重点发展方向是将大量的数据结合在一起进行适当、科学的分析,以此来推进农业向前发展的进程。

第二,生产高度机械化。英国农业机械技术居于世界领先水平,装备齐全、综合动力强大、科技领先。据了解,当时英国人很普遍地使用割草机、中耕机、种植机、捆草机、脱粒机等农业机械,而他们所使用的拖拉机每台的最大输出功率都在100kW,而大型联合收割机的工作效率都在$4hm^2/h$。粮食生产从耕耘到收获,各种操作都全部进行了机械化;而栽培蔬菜的农场,做到了从种植、除草、施肥、洒药、收割、打包等生产环节高度机械化;养猪养鸡的农场从饲料合成、饲养、疫病防治、畜产品加工、粪便处也实现了机械化。先进的机械化水平,满足了农场规模扩大的需求,促进了科学技术的应用。

第三,技术集成化,英国农业借助着工业技术与科研教育的大力支持,政府的高度重视,以及精准农业技术的发展,成为先进的农业技术发达国之一,据了解,英国已经有17%的农场实施了精准农业技术。依托GPS定位技术,保证了播种、除草、施肥、洒药、收割的精确性;通过遥感影像提供的关于土壤与作物营养情况的数据,保证了精准操作和变量施肥撒药;通过田间交通管理系统的应用,使田间农机在作业时的路线轨迹的误差控制在2.5cm以内,减少农机对田间结构的破坏,节约资源,提高效率。

第四,农民的职业化,英国新型职业农民主要是职业经理人与农场主,他们都进行了基本农业生产技术训练并具备职业资格,掌握了对农业产品原料等辅料的鉴别能力,有了相应的栽培与养殖技能。以unsdenGreenFarm为例,该农场占地约1 000hm^2,由1名职业经理人和2名雇员管理,来完成生产资料购买、农业补助申请、精准农业技术田间作业开展、市场销售等一系列工作。并且由于英国农民收入水准一直居于中高等收入层次,所以农民这一职业也在英格兰得到社会各界的广泛认可,并已经形成了与其他职业相比的体面型职位。据了解,在英国占地面积大约1 000hm^{2}的农庄,通常由3~4个人共同经营与管理,主要原因是他们是爱农业、有文化、懂技术、善经营、能创业、负有责任的全能型职业农民。

4. 以色列智慧农业生产发展现状

耕地面积达35.1万hm^{2}的以色列,其农业人口20万人,占总人口不足5%,全国人均耕地0.0575hm^2。虽然以色列的农业条件先天不足,但是就在这种对自然环境要求极其严酷的农业环境下,每个劳动力人均可赡养150余人。农业生产总值约占国内生产总值的5%,出口量的5.6%主要是农产品。并且每一年还大量出口高档农产品,被喻为"欧洲人的花园、果园、菜园"[7]。主要通过宏观农业经济发展的研发,通过提高农村基础设施投资,来推进农业在生产领域的智慧化发展。

智慧农业产业发展的基础为精准灌溉,以色列水资源缺乏,一半以上的耕地面积需要精确灌溉技术供水,这促使其成为世界上灌溉技术最发达的农业大国。无论是温室种植的农作物,还是路边的绿化带,各种植物和农作物都被细小的管道相连,在植物的生长过程中,水分、肥料等都会通过植物根部的灌溉孔直接送入农作物根系。通过建设这样的灌溉系统,实现了灌溉的合理化配置,节省水资源,降低农业发展成本。

农机与电信技术相融合。以色列大部分区域因为地势平缓,具有大型机械化作业的优势。农机专业人员们把传统农械和电子技术相结合,研制出农村种田的重型机械设备。这种新型的机械设备能实现农业耕作中的全自动控制,实现整个农业系统的水肥一体化,大大提高了农业工作的效率和效益。在此基础上还研制出了适合当地特色和地形的特色化农机设备,像采棉、摘果等劳动密集型工业,也开始进行了机械化工作。而在温室种植领域,无论是种植业还是养殖业都进行了数字化改造升级,在传统技术基础上提高精细化管理和智能化管理能力,而这种设备的迅速发展在全球市场上也创造了可观的收益。

"科技兴农",以色列的农业科技贡献率高于90%,名列世界前茅。政府每年在农业研究上花费高达1亿美元。科技促进农业经济发展,农业收入将第一时间用于农业科研方面,同时政府还积极宣传推广,积极鼓励农民使用农业新技术。从播种、育苗、浇水、施肥、收获、加工、贮藏、运输、再贮藏等各个过程中,都尽可能争取最好的利益,将农业发展成为高度专业分工的技术密集型行业。

以色列的温室建设非常完善,按照不同的种植作物和条件,选择各种形式的温棚、温室、智能化管理设施,滴灌技术把设备与科技结合在一起,不可分割、密切相连。同时借助光照条件好的优势,以色列每年为英国提供花苗,为了增加光合作用,以色列人在温室中使用银覆盖物,由此来增添强反射光的效果。

三、典型农业发达国家智慧农业生产发展的共性分析

智慧农业以智能生产为基础,通过智能化实现精细化、集约化、科学化的生产,提高农产品质量和生产效率。从典型农业发达国家为发展智慧农业提高生产效率所采取的措施来看,各国为促进智慧农业生产发展所采取的措施并不完全一致,但具有一定的共同经验。

1. 政府宏观指导和管理,促进生产智能化

政府制定整体战略,引导农业和企业相互合作,在技术开发资金、政策、法律等方面给予充分的保障和支持。美国政府通过制定法律,颁布政策,全面规范、引导农业绿色持续发展。以色列政府每年财政计划划拨大量资金扶持促进农业发展,通过开垦荒地、建设全国水利工程,提高了机械化水平,实现了农业的伟大开端。日本政府实行了全面干涉与强有力的宏观调控政策,把分散的小规模农民经济进行了整合。推行工业对农业的反哺政策,让农业迅速步入现代化轨道。为达到对有限的耕地合理使用,荷兰政府根据当地国情和气候特征,制定了种植业的发展战略与政策措施,降低了对光照需求高和低价粮食作物的生产,充分利用了平坦地形和丰硕的饲料资源,大力发展畜牧业、乳品业和高附加值园艺作物,采取信贷政策和补充措施:应制定政策,鼓励发展和工业关键领域的"快速增长"[8]。

法国在土地政策方面,重点促进土地集中化和农场规模化的经营,很大程度上可以提高农村的生产效率,充分调动农业从业人员的积极性,促进农机设备的机械化和自动化升级,在短暂的生产时期里就可以使耕地耕种效益和农田生产率大幅度地提升。

2. 聚焦农业智能生产核心技术的研发与推行

传统农业主要通过简单、孤立的机械设备来进行作业,缺乏沟通能力和信息的分析。它完全依靠人力资源来监测作物在不同阶段的生长情况。农业发达国家根据自身需要,发展和创造不同的农业科技研发体系结构,以适应本国智能农业的发展。他们的农业科技研发体系由多种学科组成。但是,地方政府部门和高校等农业技术研究机构仍然是农业研发的主导,地方政府则是农业研究发展的主要管理者和推手,企业的重要性在不同

国家和地区之间存在一定差异。农业利益相关者和国家重点研究机构密切合作，共同做好农作物生产过程中的核心研究与传播，以提升农作物产出效益。

3.注重基础设施和设备的研发，实现生产经营的系统化

不同的国家根据自己国家的实情推动农业基础设施的建设，例如荷兰大力发展无土栽培，日本积极推进温室，以色列改进土壤等，积极改进农业基础的科技创新，提升产量。以美国，德国为代表的工业发达国家，积极利用工业的优势来支持农业发展的反哺政策，推进农业机械设备的改进研发，同互联网、大数据等核心技术结合，实现智能化生产，实现生产运行的系统化。

4.注重人才的培养，为农业走向智慧生产打好基础

信息化的发展，机械智能化的发展，农业核心科技的进步离不开人，要将这些先进的技术、机器运用到实际的农业生产中，同样也离不开人，这就要求在农业走向智慧化的进程中，不能仅具备传统农民的技术经验，也要适应新的技术、机械设备。农业发达国家提出新技术人才培养策略，专注于涉农领域高素质专业人才的培养事业，对成年农民开展相应知识教育训练，以期进一步拓宽农民对新事物的接触能力，又或者是通过在高校中直接开设课程，培养有发展空间的农村青年快速地熟悉各种涉农设施的建设运营，从而提升自身的专业或涉农职业素质。因此可以看出农业科技和劳动者的受教育水平及生产效率存在一定的影响。

第二节　国内智慧农业发展现状研究

当前，我国农村宽带基本实现了进入各个城乡、乡村底层，并基本实现入户，初步形成了与各个环境相融合、同时存在于不同条件下、安全和绿色生态的大容量宽带的网络环境。CNNIC数据表明，截至2020年6月，全国在乡村区域的网络普及率较2013年提升了24.2%，达到了52.3%。而随着4G网络的普及、偏远地区基站的建设，以及5G技术的投入，现在各区域的宽带和4G覆盖率已经超过98%，光纤使用比例也从70%提升到90%以上，成功实现了超过世界上大部分国家的乡村以太网和光纤光缆铺设覆盖率。与此同时，我国的新一代基础设施建设在农业领域得到初步的成果，新一代基础设施建设正在准备开始建设用于全国示范的农业农村大数据示范省（区），全国各个地区都将逐步建造达到国家级别的农村大数据中心。例如，分别应用5G技术和物联网技术，位于陕西省咸阳市杨凌区的杨凌农业高新技术产业示范区成功建设了监管中心，将其专项用于管理农村大数据，并且成功构建了农村生产经营监管系统。针对农村信息化基础设施的公益生产属性，由国家发挥政策引导功能，通过政府顶层设计，开展金农工程、"宽带乡村"试点建设等，以最大程度提升国家智慧农村基础设施建设效能，为国家智慧农村发展奠定了基础设施保障。

我国智慧农业生产的发展现状。乡村振兴是中国全面建成小康社会奋斗的发展目标

之一。因此，我国政府近年来出台了相关政策，2010—2017年我国提供了大量的财政资金支持农业现代化建设。党的十八大以来，中国农业经济和农村科学技术工作都取得了新的进步。推进农业科技体制改革，布局"1+8+3"的重大项目，建立技术先行优势。国家先后成立4个农产品国家示范区、246个国家农业科技园区，以促进农业新兴技术的推广。县域创新驱动发展达到新水平，为准确全面推动科技扶贫工作，向中国中西部地区23个省、自治区选拔科技人才共66 525名，培养企业家9 743人。

国家星创天地完成了对277万人创业者，10 335家孵化公司的培训，农村新企业10 475家的培育，890个网络平台的建立，已经发展成为农村大众创业创新的重要载体。

一、我国智慧农业发展现状及存在问题

近年来，出于政府有关部门的鼎力支持，智慧农业在中国的发展态势迅速、积极而向上。乡村的各个地区中，以太网相关的基本建设也得到了补全和完善。2017年底，全国农村通宽带的比例达到96%，乡村网民的规模达到了2.11亿，城乡网民比例接近3∶1，"互联网＋现代农业"，即将现代互联网与现代农业相结合的行为也获得了显著的进展。截至2018年7月，国内共有21个省份进行了大数据分析的相关试验，涉及8种重点农作物，其内容为：通过补充和完善监督、控制、预报和防范的系统，并提供数据管理服务进行管理，同时加强农业信息指导服务，和市场需求实时连线同步，每天每月定期发布农作物市场供需表、实时价格指数、商品供需均衡表等内容，指导农业产销活动；在山东、河南等为代表的全国18个省份，在每一个省份中都进行了相关的工程建设，用于将农业信息详尽到每一村每一户中，全国约20万个行政村（约占全国的1/3）都设立了益农信息社，在当前基础上深化、促进和发展了农业信息的整体服务实力；广东、浙江等14个省市进行了将农产品在互联网上进行交易和相关服务活动的试验，在几百个国家级贫困县进行了电子商务精准扶贫试验，农村网络零售额达到了近1万亿元人民币，农产品电子商务规模迈向3 000亿元大关。

"十三五"期间，农业农村部进行了区域范围内的物联网试验，将物联网与农业相结合，涉及全国9个省份，建立了426项节省成本并且提高效率的物联网新技术在农业上的应用模式。根据国家基础设施温室智慧管理的政策措施需要，自主研发出了一些设施农业经济作物种植的环保信息感知器、多回路智能控制阀、节能灌溉监控阀、热水肥一体化等新科技商品，这些新型智慧智能产品对进一步提升我国新型温室的智慧化智能化程度起到了重要作用。我国在精准农业相关领域取得了关键技术的重要突破，建立了结合航天遥感、航空遥感、地面物联网等技术的能够高速传输农作物氮素含量的数据传输体系，能够实现不同省之间、不同县区之间、不同农场、不同地块等各种空间尺度和农作物各种生长时期等各类时间尺度上的农作物氮素含量等营养的检测功能；研发和制造出的新式农业机械，不仅结合了国产的北斗自动导航技术，还采用了新型测控技术，从而在使用精准装备种植新疆棉花的过程中发挥了强大的作用；研发并制造了农业机械深度松土作业监测系统，在勘察作业面积和审核作业质量上提供了帮助，解决了人工核查困难的问题，并得到了大规模应用。

在获得了上述显著而巨大的成就的同时，人们也必须认识到，中国在智慧农业领域仍然存在许多不足，不仅在基础研发上滞后，而且在科技积累上也不足，总体技术水平与现如今世界上的发达国家差距几十年。在中国智慧农业这一领域中，出现的问题绝不是单一的，而是综合等级都成为限制因素的问题。

目前，制约中国智慧农业发展的主要短板技术问题有三项：一是农业专用传感器落后，中国目前自主开发农用传感器总量还不足全球的10%，并且没有提供足够好的安全稳定性；二是动植物模型与智能决策精度较差，在许多情况下，无法按照理想化中的想法按照需求进行决策执行和控制管理，而是完全依照时间顺序进行控制；三是能够执行自动智能、精准执行工作的设备不足，难以达成预期的工作质量。在自动智能、精准执行工作的应用推广上，中国各个省份城市都开展了关于智慧农业应用的先一步试做工程建设。但是大多数此类建设都止步于此，仅仅是为了展示智慧农业的作用与效果，未能得到大规模大众化的普遍推广智慧农业的程度。同时，大多数项目在深度上也都止步于简单的信息传递和信息呈现，其中的展示效果大于实际意义，没有能够足够深层次地与农业相融合，也没有破解中国农村现实难题的显著成效。

二、积极发展智慧农业，重塑中国现代农业

1. 国际形势

从世界农业发展史的角度上来看，第一次绿色革命以矮秆品种作为典型代表的出现作为标志，第二次绿色革命以动植物转基因技术的核心技术被掌握作为标志，而农业领域的第三次绿色革命——"农业数字革命"正随着现代以太网技术与现代农业技术的深层次融合和碰撞作为标志而来临。

（1）美国

美国的智慧农业发展较快，在建立了批量机械化、大规模自动化、生物物种杂交化，以及新型化学和生物技术的应用后，目前已迈向数字农业。据测算，目前美国20%耕地、80%大农场实现了作物大田生育期，即作物从移栽到成熟的整个发育周期的数字化生产。

（2）加拿大

加拿大政策视界，一个加拿大联邦政府旗下的政策预测和规划研究机构，在其发布的《元扫描3：新兴技术》报告中指出，数字科技、生物科技、纳米科技和神经网络科技等新兴科技将在未来10~15年重新塑造加拿大的经济和社会。其中合成生物学、机器人学和农业自动化以及人工智能将对农业领域产生深远的影响。

（3）欧盟

2017年欧洲农业机械工业协会（CEMA）在欧盟总部举办了高峰论坛，并提出目前欧洲对于农业数字信息技术革命的发展前景和历史考量，得出将来欧盟农业将以现代信息技术装备为重点，建设"农业4.0"。

（4）日本

2014年启动了"战略性创新创造计划（SIP）"，2015年启动了"以智能机械和智能

IT为基础的次世代农业林业水产业创造技术"专项。日本政府将来也准备以农村人工智能技术为核心大力发展建设无人农庄。

根据国际经济咨询机构的预测，全球智慧农业的股票市价将在2025年达到683.89亿美元，在全球各个地区的发展前景中，最好的是亚太地区（中国），复合年均增长率（CAGR）达到14.12%，内容主要涉及大田精细化农产品、中国智慧畜牧、中国智慧渔场、智能温室，重要科技涉及遥感与传感器控制系统、农村信息化与云服务科技、现代化农村技术装备（无人机、机器人）。

2. 我国对发展智慧农业的重大需求分析

（1）劳动力短缺所引发的人工成本急剧增加

2019年我国城镇人口占总人口的比重，即城市化率为60.6%，"十三五"期间农村转移1亿人口到城市。根据有关机构的统计数据，中国的劳动人口占比从1991年的60%（世界平均45%）下降到2018年的26%（世界平均28%）。农业相关的劳动力缺乏，人工劳动力成本迅速上升，目前从事农业行业的相关人工成本，几乎占据农业生产总成本的50%以上，农业相关的劳动力也逐渐出现老龄化问题，据估计，"十四五"我国农业相关的劳动力将有约80%年龄超过60岁。此外，在农业工作作业的员工没有接受较好的高等教育，也是目前中国农业生产的缺陷。

（2）我国农业的产业竞争力不强

一是农业生产产出规模较小。我国人均耕地面积为2亩（1亩≈667m^2），仅为美国人均耕地面积的1/200；同时，我国劳动力平均耕地面积为9亩，而美国劳动力平均耕地面积为957亩。目前都是中小农田种植者，其中50亩以下农户耕地占全国耕地总面积的80%。二是生产方式发展滞后。据统计2019年我国在农业生产中机械化分配不均衡。三是生产效率效益低下。欧美农村人口的平均年产值为5万～7万美元，日韩为3万～5万美元，中国2016年为7850美元，是美国的1/10、欧洲的1/7、日韩的1/6。

（3）我国智慧农业缺乏技术储备

智慧农业领域存在显而易见的跨学科融合的情况，农业本身作为生物学的应用产业，单纯地将原本应用于化学工业的信息技术挪移嫁接在农业领域基本无法解决农业问题。针对这种情况，必须首先对生物学和其他仅在农业领域出现的问题进行专项调研。由于缺少基础学科的积累性研究和新兴学科的创新型开发，从整体上来看，我国在智慧农业技术这一方向上与世界发达国家具有10年以上的技术差距，在诸如农业传感器、农用人工智能、农用机器人等领域和方向上，其中的差距则更为加剧。我国智慧农业技术不仅是传统意义上的单一缺陷的"短板"问题，而是整体水平都成为限制因素的"短桶"问题。

智慧农业作为领先的农业生产方式，是中国农业4.0的核心内容，其主要实现形式为将现代以太网技术与农业相关的生物科技深度交叉融合，实现农业信息感应识别、定量决策操作和管理、智能化信息化管理、依据时空变异精准投入以及其他个性化定制服务，从而成为改善整个农业产业生态面貌的新型驱动力，对现代农业发展具有里程碑意义。

第一，发展智慧农业，可极大解决当前农业发展难题。目前我国农业发展主要存在四个方面的问题。一是耕地资源量减质退，农业发展受限。二是农产品质量安全亟待提升。三是农村劳动力减少，务农人口老龄化严重。四是中国在农业地区的生产生活物资工程设施较为柔弱，难以在自然灾害的危害下完整保存。智慧农业通过利用物联网、大数据分析、人工智能等现代信息技术实时收集、解析农业数据，为农民提供生产、管理等服务方案，并具备领先的农业科技优势，将在极大程度上缓解当前中国农村经济发展存在的困难，有效保护农村农业结构，改善自然环境，提高农业生产经营效率，提高农村农业生产质量安全性，有效缓解农村农业劳动力的日益匮乏问题。

第二，发展智慧农业，对助力乡村振兴意义重大。实施乡村振兴战略，是中共十九大做出的重大决策战略部署，也是新形势下"三农"管理工作的总抓手，智慧农业成为我国乡村振兴战略的重要发力点。智慧农业的发展目标是对中国农村农业全产业链进行优化，通过对传统农业产业链应用诸如互联网、物联网和云计算等新兴现代信息技术，进一步改造升级整个农业农村产业链，来高效推动传统意义上的农产品生产产业与二、三产业，即加工制造业与服务业的交叉渗透、融合发展。进一步增强中国农产品竞争力，扩大农产品发展空间。因此，智慧农业是中国农产品发展的新趋势，也是进一步提升中国农产品生产现代化水平、推动农产品转化升级、改善农业经济发展品质和社会效益的必由之路。

三、我国智慧农业发展技术支持情况

1. 农业大数据技术支持情况

我国农业大数据的应用有三个方面。

一是农业资源管理。我国农业资源紧缺，尤其面临着耕地资源紧张和水资源不足的问题。运用大数据平台，集成农业土壤资源、水质、气象信息资源和海洋生物信息资源等大数据，进行科学决策，合理配置农业生产资源，有效提升农业资源的利用率，促进农业高效发展。

二是农业生产过程管理。对农业生产过程中积累的数据（如温湿度、光照、二氧化碳浓度、灌溉时间、灌溉量以及农产品产量和农产品质量等），进行大数据分析处理，研判农产品产量质量和生长环境的相关性，改变传统依靠经验种地的习惯，精准管理农业生产的各个环节，生产出更加优质的农产品，提高农民收入。

三是监测预警。通过对农产品生产、消费、流通、价格等市场数据的专业分析，判断农产品的市场需求，预测农产品价格波动情况，及时发布预警信息，采取精准调控措施，避免农产品价格出现大幅波动。

2. 农业物联网技术支持情况

根据我国农业的发展需求，当前农业物联网主要应用在三个方面。

一是大田种植。大田种植环境复杂，不确定性强。利用土壤传感器、气象传感器、植物生理传感器、二氧化碳传感器、作物长势传感器及视频传感器等，实现对大田种植环境信息的实时感知，准确掌握农作物需水量，控制灌溉时间和灌溉量；根据土壤有机质含量，确定施肥种类和数量，结合地理信息系统，实行变量施肥；利用视频提取及图像处理技术，提前发现农作物病虫害征兆，进行早期预警，喷洒农药，防止病虫害的发生。农业物联网技术将改变粗放的大田种植方式，促进农业增产增效。

二是设施园艺。设施园艺是农业物联网应用最成功的一个领域。物联网可以控制土壤温湿度及蔬菜长势的全面感知；通过操作控制模块，可以远程调控风扇、灯光、卷帘、加热器、滴灌系统等设备，及时准确地控制生长环境，进一步提高园艺生产效率。

三是农产品质量安全保障。农产品质量安全的相关问题自始至终是今天社会各界所关心重视的热点话题。利用农业物联网技术，可以把农产品的生产、加工、运输、仓储、交易等信息联系在一起，实现对农产品整个流通过程的有效监督，为确保农产品质量安全提供了强大的科技保障。

3. 农业精准装备技术支持情况

目前，我国农业精准装备的研究和应用主要集中在精准施肥、精准播种方向上。目前已研制并在示范区应用的农业精准设备包括精准自动变量施肥播种机、智能化精准喷药机械、智能化精准喷灌机械、精准农业机载电脑、超低空遥感平台等。

4. 农业区块链技术支持情况

我国运用区块链技术能解决农业生产环节中的瓶颈问题，主要有以下几点。

一是优化农产品安全信任机制。通过区块链的可溯源特点来解决农产品质量溯源信任问题。农产品从被生产出来再到被消费，最后到达我们的餐桌需要经过许多烦琐的过程，其中任何一个过程出现诚信问题质量问题，都会进而导致商品质量无法保障。区块链技术的机制使得其无法造假，并且每个农产品都会携带一个时间戳，让追踪农产品的历史信息成为现实可能，具体而言，将农产品从生产环节到消费环节再到最终被食用或使用中的每个过程所形成的历史数据信息存储进区块链，让农副产品信息变得完全公开，并且真实。从而实现了消费者对农副产品的生产质量进行全面监测，进而构建起了企业、供货商与用户之间长期稳定的诚信机制。

二是解决金融服务环节中的瓶颈。农户与银行、信托公司和保险公司对于实际情况的了解不同，存在双方所得知的信息量不同，会使得双方之间存在利用这种信息获取能力的不同来使其中一方收益，另一方亏损的情况，也就是逆向选择和道德风险问题，最后造成了农民融资难、投保贵。

通过将区块链技术搭建在去中心化和不篡改的开放式信贷机制上，农民可以把自身的信贷资格和家庭状况等信息直接上传给区块链，而不需银行耗费高昂的核查成本，便能了解农民是否具备信用资格，有效缓解了农民们因信贷资格贷款难的问题。通过区块链技术缓解了农民医疗保险难的问题，由于核保难以及核保成本过高导致了农民们投保难、买医疗保险贵。保险公司还可将投保信息加入公开化的区块链中，而农民也可以将购买的保险理赔信息直接上传区块链，一方面保险公司能够进行农业保险的精细化销售、精简农险工作过程，从而减少了经营成本；另一方面也可以防止了农业保险骗保情况的出现。

三是农产品供应链管理，实现从农户到消费者的供需透明化。采用区块链的农村供应链管理系统不但可以进行产供销平衡，同时还可以提高农村供应链网络整体的运行效能。首先，由于运用区块链布局式记载与保存资料的特性，能够把任何农村生产主体（农民、协作社、培训基地）、农资公司、产品分销商（批销交易市场、主要批销商）、零售业商（百货公司、农贸交易市场等）、农村监理组织，以及各种消费者农产品供应链网络上的参加市场主体连接起来，整条产品供应链网络上的各种资料都由各参加市场主体共享认证与保存，从而促进了农村生产、加工、物流和营销等各个环节的信息透明化，也可以有效缓解农村各参加市场主体之间的信息不对称问题。同时，相关数据通过区块链技术登记之后，就几乎不可能进行修改，更加安全。通过将农产品的相关数据信息，例如原产地、施肥用药情况、化学成分等信息数字化并上传区块链，顾客通过扫描条形码或者二维码就可以查询到区块链内部的产品信息，使得顾客对农产品的安全质量更加信任。监管部门可以作为这一过程的一个部分干预，由于每个环节的数据都必须由相关承担法律责任的人进行数字签名，在这一过程中区块链会自动生成时间戳，当农产品出现质量问题时，监管部门就可以通过上述内容追溯到责任人。其次，在采用区块链的现代农产品供应链物流系统中，通过非对称加密信息和时间戳信息提高了交易中各种数据信息的安全和唯一性，各参加交易市场主体也通过可信分析构建了彼此双方的信用关系，通过使用智能合约，交易当事人的合作契约也能实现自由履行。

5. 农业5G技术支持情况

目前中国在商业化5G技术的发展上已经在商业化规模、商业化规则数量和商业化技术这三大方面取得领先地位。在规模上，5G终端设备总接入量超过3.92亿户，为5G在农业方面的应用提供了良好的基础。在应用创新上，目前我国5G应用案例已超过1万多个，在智慧农场、智慧农机、5G联网无人机、远程农业直播等农业方面形成了一大批丰富多彩的应用场景。

6. 农业人工智能技术支持情况

为推动数字农业农村发展，国家将加大农业关键技术设备创新，积极推进农村人工智能开发应用，研发能够适应各种环境、高性能值与价格值比、具备智能自主决策能力的新型农用机器人，加快标准化、产业化发展。人工智能技术不断地被应用在农村领域的各个方面中，不但有效地提升了农村生产经济效益，还减少了生产农产品过程中的各种资源消耗。人工智能在农业生产产前、产中、产后阶段均有非常广泛的应用，在产前各个阶段能够实现优质农产品灌溉管理、水土成分监测与分析、种子品质监测等，而在产中各个阶段则能够通过现代农产品科技专家管理系统，为生产的各个阶段进行提问提供咨询服务、决定查询服务，同时还能够实现全设施的优质农产品智能管理、病虫害识别、优质农产品收获等工作，而在产后各个阶段则能够进行优质农产品检测、优质农产品电商经营、优质农产品智能物流配送等操作。

四、我国智慧农业发展应用推广情况

中国的传统农业也开始逐步实现向智能化、数字化、高效化和精细化管理的转型，当前已初步具备了实施智慧农业的软硬件环境。

国内多地也相继开启了智慧农业布局，农业领域数字化的部署刚刚开始，根据前瞻行业研究院的预测，未来中国将产生接近270亿的潜在智慧农业市场规模。从应用领域来看，目前新技术主要体现在农业的生产环节中，并重点应用于农产品种植和牲畜饲养上。从应用程度来看，尽管我国农业机械化程度尚且合格，但是我国仍然欠缺对于高端农业机械装备应用。且航空植保面积低于世界平均水平。农业农村部公布数据显示，2020年我国粮食作物耕种收规模化度实现71%，较上年提升1个百分点。但目前农业机器人技术在水果、茶园中的运用等方面还有所欠缺。从市场格局来看，阿里、京东、百度等互联网巨头企业都参与了智慧农业的全面规划和安排，为中国智慧农业的发展提供了帮助。

我国智慧农业发展存在的主要问题：一是技术仍停留在初级阶段，研发队伍总量较少，无法适用中国智慧农业发展的全部需求；二是成本相对较高，对于多数普通农户来说，智慧农业技术对提升收益影响不大；三是应用相对局限，大多数只应用于产中环节，且多见于大型温室环境，对于现代农业整体发展增速贡献有限。

现有智慧农业发展模式是农业整体发展客观规律的体现，具有一定的阶段性和借鉴性，并且其他地区的智慧农业发展也可以以此为模板来模仿和参照。一个完善的智慧农业发展模式具有纲领性、公认性与可模仿性，是可分析、可操作、可检验和可运用的。近年来国内多地亦纷纷启动智慧农业布局，开展产业重点项目建设，根据所在地的特色，选取有代表性、有借鉴意义的案例进行分析。

1. 江苏昆山

昆山地处长三角一体化经济圈辐射区，属于广义上的都市农业。以信息化作为农业现代化建设的核心要点，创造了一条独属于昆山智慧农业发展的"昆山之路"，成为乡村振兴强县、全国农村人居环境整治激励县，打造出了一系列知名农产品品牌。

（1）智慧农业发展现状

区位条件：昆山位于江苏省东南部，是苏州市下辖县级市，昆山地处上海与苏州之间。昆山土地资源丰富，农村素以种植粮食作物为主。现有耕地70.5万亩，园地1.65万亩，林地1.7万亩，水域30.9万亩，未利用土地0.55万亩。

农业形势：昆山市积极响应国家政策号召，大力推行数字乡村、智慧农业计划的实施，以信息化作为农业现代化建设的核心要点，被评为全省县市数字农产品与乡村发展水平评估先进县。2020年，在江苏省乡村振兴实绩考核中，昆山在县级综合排名中位列第一等次，同时被授予获批江苏省唯一的全国农村人居环境整治激励县，受到国务院表彰。截至2020年，昆山市农业机械化水平已达95.3%，其中，农业耕地收综合生产机械化率达98.5%。

(2) 智慧农业发展特色

一是助力推动河蟹产业结构高级化。2012年昆山在国内率先探索了渔政信息系统工程设计，并将其作为示范，通过对养殖区域布设监控和各类传感器实现了对其中数据的收集和分析，养殖户不需要亲自外出，就能对养殖区的各种信息数据一览无余，并且能够远距离监控、测量和管理鱼、虾和螃蟹等水中农产品所在的水域问题。不仅如此，养殖户还能在网上远距离咨询水产品疾病的相关问题，同时昆山还建设了本地生产的大闸蟹相关的信用体系，进一步增强了鱼虾螃蟹等产品的出产质量、食品安全等问题管理。2017年，昆山被评为国家特色农产品（阳澄湖大闸蟹）优势区。

二是主动推进农业产业提升档次服务升级。将农业农村相关的地理资源和其他资源汇总起来，全面调查稻麦、蔬菜等生产底层细节，对整片耕地进行整改工程建设，并对整片耕地进行污染防治，坚决守卫农业安全。2018年，昆山市创立了独有的公用品牌——"昆味到"，在昆山市农产品领域独树一帜，使得昆山市农业与众不同，推动了昆山市品牌价值和知名度的提升。

三是助推美丽乡村建设。昆山市落实了新型农村人口居住环境整顿治理办法，通过守信激励和失信惩戒制度，并研发了配套用于辅助考核督查的App系统，昆山市使用这种办法将信息化技术融入了农村人口居住环境的整顿治理工作中，并进一步实现了督促检查过程的更高效率和更加同步，2019年，昆山分别获得江苏省、苏州市农村人居环境整治工作考评第一等次。

四是助推乡村现代化治理。昆山智慧农业农村系统建设了监管平台，用于监控管理与农业相关的资金和农村的公共资源财产，将信息技术与农村的现代化管理相结合；昆山还首创了国内课堂直播间，设立在农村田间，让农业领域专家与种植户养殖户通过互联网实时线上、线下对话，提高效率。

五是助推农业人才培养。昆山在培养农业相关的人才上最先做出全国案例，始终以"新型职业农民培育"探索建立新型"职业农民制度"两项国家级试点工作为主要抓手，进一步完善机制建设工作、加大资助支持力度，通过设计确定帮助扶持奖励政策、打造教育载体平台，在线学习人数达到苏州市第一。据悉到2022年底，昆山市还将增加培育新型职业农民1 800名、累计认定新型职业农民1500名，初步建设成了一批与现代农业产业发展程度相匹配的"专业技术知识界限清晰、年龄段构成技术科学合理、技术指导实效性、就业使用场景明确"的先进新型职业农户团队。

2. 重庆渝北区

渝北区为着重实施将互联网与现代农业相融合的计划和缩小城乡数字化建设水平不平衡的行动，大力发展实现农业智能化，在重庆市首创渝北区的智慧农业规则体系，赋能现代农业发展。渝北区在区位条件、农业自然资源及经济基础等方面与城阳区农业高度相似，具有很好的借鉴价值。

（1）智慧农业发展现状

区位条件：渝北区位于重庆主城北大门，地理位置处于丘陵地形，耕地面积4万余公顷，地理构造块区面积小，结构不规则不整齐，大面积应用农业机械化技术的难度较大。同时伴随着城市建设脚步的不断加快，农业剩余劳动力日益短缺。这些都很大程度上限制了渝北区局部农业农村经济发展。

农业发展：为探索农业经济蓬勃发展的新路，渝北区以前瞻目光紧盯现代发展潮流，以高新科技应用紧跟现代发展趋势，以乡村"机械化、自动化、智能化"为目标，有力推进"互联网+现代农业"行动规划和缩短城市"数码鸿沟"的行为，被农业农村部评为2017年度全国农业农村信息化示范基地。

（2）智慧农业发展特色

渝北区智慧农业建设实践亮点主要表现为以下三个方面。

一是创新突破，农业发展迈入智慧化阶段。建成多种智慧农业标准体系。将光纤网络铺设在渝北区域，向众多农户家庭提供100M入户宽带，可用于视频通信、电话通信和高清有线电视等互联网功能，通过高速光网络将传统工业和新型互联网连接起来，使得众多农民家庭能够享受到现代化信息化的便利生活。

二是功能更加丰富，智慧农业发展实现形式或规模呈现多种的样式。面对农业新发展状况、新期望，渝北区将在智能农业综合公共服务云网络平台上积极扩展新功用，建成"一平台六系统"，即在渝北区的智能农业综合公共服务云网络平台上，将形成智能播种、智能栽培、智能渔船、智能化决策、智能配方施肥、智能检测等灾情的六个子系统。开通专家介入进行指挥并辅助决策制定的功能与服务，与专家农户信息交流，并给农户提供有效可信的技术指导；智能监控受灾情况可以在任何时间监控病虫害的发生数目和情况，只要出现重大病情，立即制定相应对策以防疫减害；智慧配方施肥管理系统可针对经度、地区和土壤的情况实行智慧配制，以得到最合理最优解的施肥方案和效果；接入动物屠宰监管、农产品质量安全追溯体系，农产品从产出到加工的整个过程都可以被实时监控管理，实现智慧农业综合化发展。经过上述形式，几乎将信息技术应用在了农业生产流程中，还将农村公共服务物质工程与信息技术相结合，将农村技术操作自动化，例如要对农作物进行灌溉只需要电脑软件系统自动监督控制，通过电流和模拟信号的传输和转化，实现对牲畜棚舍养殖环境的测控；实现了农产品数据监控信息化，运用各类检测装置和信息技术对重点粮食作物的长势、土地墒情、农业病虫害防控、生态环境等问题开展检测、速报和预警，以增强农业风险控制，有效防灾减灾；实现了农产品专家决策信息化，如农产品灾情决策、农产品科学研究、农作物产品安全预警等。

三是加强农业技术类培训，积蓄智慧农业发展人才。经过数年的新事业创建和新设施增加，渝北区智慧农业表现出了较为迅速积极向上的发展趋势，但是智慧农业对于许多农业相关企业和大型种植养殖农户来说还是新兴科技，其中尤其是农村物联网技术要求较先进的科学技术，渝北区政府为各个村镇设置了最高农业产品信息资源组织职位，依托新型农民职业培训等项目，通过聘请高等院校客座教师、提高认识，从而更好地促进智慧农业的全面发展。

第三节 智慧农业发展的必要性

智慧农业将是一个改变农业生产绿色前景的新引擎，对现代农业发展具有里程碑意义。

一、发展智慧农业，可极大解决当前农业发展难题

目前我国农业发展主要存在四个方面的问题。一是耕地资源量减质退，农业发展受限。二是农产品质量安全亟待提升。三是农村劳动力减少，务农人口老龄化严重。四是当前中国农村基础设施相对脆弱，对抗自然灾害的能力薄弱。智能农业系统通过利用物联网、大数据分析、人工智能等现代信息技术实时收集、解析农业数据，为农户提出生产、管理等服务方案，并具备世界领先的农业科技优势，将在极大程度上缓解当前中国农村经济发展存在的困难，有效保护农村农业结构，改善自然环境，提升农村生产运营综合效益，提高农村农业生产质量安全性，有效缓解农村农业劳动力的日益匮乏问题。

二、发展智慧农业，对助力乡村振兴意义重大

实行乡村振兴，是中共十九大作出的重大决定战略部署，也是新形势下"三农"管理工作的总抓手，智慧农村成为中国乡村振兴战略的主要发力点。"智慧农业"是一种中国农村农业全产业链优化的发展过程，通过运用大网络、物联网和云计算等现代技术成果，改造升级了整个中国农村产业链，有效推动传统农产品生产和二、三产业的交叉渗透、融合发展，进一步增强中国农产品竞争力，扩大农产品发展空间。所以，智慧农业是中国农产品发展的新趋势，也是进一步提升中国农产品生产现代化水平、推动农产品转化升级、改善农村经济发展品质和社会效益的必由之路。

三、发展智慧农业，有助于推动农业产业链改造升级

升级农村生产领域，从人工进入集体智慧。在种植、养殖等生产作业环节，打破传统人力依赖，建立一个集环境生物监测、作物模型数据分析和精细化调控于一身的农村生产智能化体系与平台，通过利用自然生态条件改善农村生产工艺，实现农村差异化生产方式；在食品安全管理环节，建立农村数据信息追溯体系，将农村生产、加工等全流程的所有有关数据信息加以录入并保存，并可利用食品识别号在网络上对农产品实行信息验证，并跟踪农业生产全程数据信息；在农村生产管理环节，尤其是有些农垦垦区、现代农业园区、大中型农庄等单元，将智能设备和网络技术应用到农庄的测土配方、茬口作业规划和农庄的生产资料管理系统等农村生产计划管理系统，以提升生产效率。

提升农业经营范畴，将凸显个体化和差异的营销模式。随着物联网、云计算等现代信息技术的广泛应用，将突破传统农产品市场的空间地域局限，农资采购情况和现代农

产品流动状况等大数据信息将会进行即时监控与传输,将有效缓解农业信息的不对称问题。同时部分地方特色名牌农产品企业开始在全国主流电子商务平台设置专区,进一步扩大了农产品营销途径,有能力的地方优质企业将采取自办基地、自建网站、自由物流的方式建立全国统一现代农产品营销系统,推动农产品市场化营销与品牌化营销,预示着现代农产品营销将向订单化、流程化、互联网过渡,个体化和差异的订制农产品营销方案也将普遍出现。所谓特殊订制农产,即针对市场主体和消费者的特殊需要而专门生产农产品,以迎合具有特殊喜好的消费者需要。另外,近年来中国各地也出现了农村休闲游、农村乐发展热潮,通过利用网络、线上传播等途径传播、营销农村休闲旅游商品,并为游客提供人性化的旅行服务,从而形成了农村增收新途径和发展乡村经济的新型业态。

升级在公共服务领域,逐步提出了精准、动态、科学的全方位农业公共信息咨询服务体系。在黑龙江等地方,已开始试验使用基于北斗技术的农机生产调度服务信息系统;在部分地方利用户外大屏幕、手机终端等这些灵活方便的农业公共信息传输形式,向农民提供及时天气、灾情警报和农业公共社会信息管理咨询服务,更有效地缓解"信息服务最后一公里"问题。面向"三农"的公共信息咨询服务,为广大农村生产经营者传播前沿的农产品科技知识、农业生产经营管理信息和农村技术服务经验,指导农业优秀公司、农产品专业合作社和农民运营好自身的农业产品体系和生产经营活动,进一步提升农民产品管理决策水平,提高农业市场的抵御风险能力,做好农业节本增效、提高农民收益。同时,利用云计算、大数据等新信息技术将促使农村管理工作数字化和现代化,推动农村管理工作高效和透明化,进一步提升了农业部门的执政效率。

四、发展智慧农业,实现农业精细化、高效化、绿色化发展

智慧农业是在物联网技术的基础上,实现智能灌溉、智能施肥、智能喷洒等自动化作业。智慧农业对降低农民生产成本、提高农业生产效率以及保护农村生态环境具有极大的正面影响。另外,智慧农业也使农业工业化、农业城镇化、农业现代化得到了进一步的发展。因此,国家正在大力支持、积极推进智慧农业的模式。

实现农业精细化是保证资源节约、农业产品安全的一种重要手段。首先,农业精细化可以在满足农作物正常生长的前提条件下,以先进科学手段对农作物生产对象进行精确的监测和管理,保证了农业资源不被浪费,也避免了环境的污染。其次,规范农业生产环境、生产过程和产品是确保产品安全的一项重要手段。其中,生产环境包括土壤、空气以及水环境等指标,达到生产环境标准化就要通过智能设备对这些指标进行实时的、动态的监测,达到农业生产环境的质量标准。生产过程标准化是指按照特定的技术经济标准和规范,对生产的各个环节进行智能化。该设备用于生产中,保证农产品质量均匀。智能设备会对产品质量进行精确的实时性测量以保证产品的标准化,并最终确保产品符合相应的质量标准。

五、实现高效化，提高农业生产效率，提升农业核心竞争力

云计算技术、农产品大数据分析，使农产品生产经营户方便灵活地掌握气候变动数据、市场供求数据、农产品生长数据等，可以精准判别农产品是否该施肥、用水或打药，从而减少了因自然影响所导致的农村生产率降低，也增强了农村生产对自然风险的处理能力。同时利用智慧设备合理安排农村用工用时用地，降低劳力与耕地利用成本，提升了农村产出组织化，提升了劳动产出效益。由于互联网技术与农产品市场的深入融合，导致了诸如农产品电子商务、农村土地流转平台、农产品大数据分析、农产品物联网服务等的农产品市场新商业模式不断兴起，从而降低了信息搜集、运营管理的成本。指导和鼓励农业专业大户、先进家园农场、村民专门合作社、优质民营企业等新兴的农村运营主体壮大与联合，推动农产品制造、流通、加工、仓储、营销、金融服务等与农村的关联行业密切连接，农村土地、劳力、资金、科技等生产要素资源得以合理组织与合理配置，使农村产品、要素聚集由量的紧张聚集到质的激变，进而再造完整农村产业链，促进农产品生产和二、三产业的交叉渗透、融合，进一步增强了农产品竞争力。

实现农业生产绿色化，就是实现资源的永续使用与乡村可持续经济发展。据 2016 年中央一号文件精神提出，我国农村必须树立发展绿色生态农产品就是维护生态的观点。将智能农业生产视为一个集维护生态、健康发展产品于一身的新型农业产品发展模式，进行对农作物精准化生产方式，推行测土配方设计施肥技术、杀虫剂精准科学合理使用、对农作物节水浇灌等，推进乡村垃圾资源化使用，实现科学合理使用乡村资源、降低农业生产污染、提高农村生态环境品质，既维护好青山绿水，又达到农耕产品的绿色环保健康优质。运用互联网和二维码等现代信息，建立全程可溯源、互联共享的现代农产品质量管理与饮食安全性信息平台，进一步健全从田间到餐桌的现代农产品质量安全管理过程监测系统，确保全体中国人民群众"舌尖上的健康绿色美食与身体健康"。通过运用卫星技术承载的精密农业信息感知设备，建立全国优质特色农产品生态环境监控网络，准确收集全国土地、墒情、水文等重要优质特色农产品资源信息，配合全国优质特色农产品资源调度管理与人工智能技术专家体系建设，完成我国农村土地环保综合整治、全国土壤保护建设、我国优质农产品生态建设保护与恢复等的重大科研决策工作，推动建立我国特色农业资源利用有效、生态系统平衡、优质特色农产品生存环境良好、产品质量安全可靠的我国特色优质农产品经济健康发展新布局。

六、智慧农业保障农产品和食品安全

在农产品和食品流通管理领域，已集成应用电子标签、条形码、传感器联网、移动通信网络和计算机网络等的农产品和食品溯源管理信息系统。可进行农产品和食品质量的追踪、追溯和可视数字化管理系统，对农产品的从田头到餐桌、从产品加工到市场营销的全过程进行智能监测，可进行农产品和食品的数字化物流，同时也能提高农产品和食品的服务质量。

第三章　我国智慧农业发展对策

从发达国家的智慧农业发展经验来看，智慧农业发展主要得益于四方面的支持，一是合理的规划，二是完备的基础设施，三是农村信息化水平的全面提高，四是政府层面的强有力支持。

伴随农业开始逐渐实现向智能化、数字化、高效化及精准化方向转变，我国当前已初步具备了实施智慧农业的软硬件环境。多地纷纷启动智慧农业布局，智慧农业大局初现。但是智慧农业发展仍然存在一系列问题，主要表现为，一是技术研究当前所处的阶段相对初级，研究机构相对较少，无法有效全面支持广大地区的智慧农业发展；二是成本相对较高，对于多数普通农户来说，智慧农业技术对提升收益影响不大；三是应用相对局限，大多数只应用于产中环节，且多见于大型温室环境，对于现代农业整体发展增速有限。

在此基础上，结合国外先进的智慧农业发展经验与有益的探索，为我国智慧农业的快速发展提供参考。本章从顶层设计、配套政策、宣传推广及科研投入等方面进行重点聚焦研究，提出我国智慧农业产业发展的对策。

第一节　加强顶层设计与政策支撑

政府的合理规划与引导是智慧农业发展的重要组成部分，从中央到各级地方政府的引导作用都十分重要。纵观各国智慧农业发展的历程，都离不开政府的大力支持和合理调控。总体来讲，包括合理的统筹规划、完备的基础设施、有力的政策引导三个方面。

一、合理统筹规划

从美国、日本、荷兰、以色列等几个智慧农业发达国家对农业的区域规划来看，都做到了合理有效，因地制宜。通过合理的规划与布局，避免了智慧农业发展的很多弯路，大大提升了赋能实际生产的效果。

农业发展对自然环境依赖度较高，因此在长期的耕作中，每个地区都形成了与当地气候和土壤条件匹配的农作物和农业模式。因此，集现代信息技术于一身的智慧农业，即便能够做出较大调整去适应农作物的生长，仍然应当遵守因地制宜的原则。

统筹规划过程中，政策的制定必须与我国农业发展的特征相适应。美国利用信息技术的优势，结合大农场、集约化农业的特征，通过对信息技术的综合运用，提高了农业的竞争能力；而日本，则是将自身人口众多、土地精耕细作的特点作为优势，同时集中力量发展弱项，以提高农业的竞争力。目前，我国农业所面对的问题是：机械化程度较低，农民劳动力年龄偏大。在考虑解决这两大基本难题的同时，也应从全局出发，利用既有优势，增强我国农业生产力。

此外，政府在进行农业发展全域规划的同时还需要兼顾当地特色，普通农业与休闲农业等其他产业协同发展，一举多得。

二、完备的基础设施

发达国家的智慧农业发展经验表明，基础设施的完备将极大促进智慧农业的发展。目前各种新兴技术已在农业生产过程中得到应用，生产设备和设施的完善与发展势在必行，建议从以下几个方面进行完善和提升。

1. 建设符合我国农业发展需要的智能化设备产业

不同行业、不同地区的农业机械化发展程度极不均衡。要加快发展智慧农业，就必须充分借鉴我国农业机械化进程的经验和教训，建设适合不同地区、不同行业的智能机械设备产业。而在农业传感器、物联网、大数据、人工智能等与智能农业发展密切相关的关键技术方面，目前我国还不具有完备的自主知识产权，仍然较为依赖进口，还需要加大研发程度，使其更好满足智能农业自主化发展。

还应意识到，与发达国家对比，我国农机企业管理体制不健全，缺乏长远的规划，往往只考虑短期的收益，造成了发展的动力不足。中国的公司面临着全球化、科技化的大趋势，急需提高自身的竞争力。农机企业要健康发展，就要在国家的指导下，对行业发展进行全面、系统的思考，树立国际科技的前沿视野，培养企业的战略思维，对公司的发展进行系统的规划。

根据当前我国智慧农业发展实际，在农业机械等智能装备的应用方面，建议以农机作业补贴作为切入点，促进农业机械设备的提档升级及农业智能装备的广泛应用，依托智慧农业技术，进行数据抓取与数据应用，对农机作业全程进行监控与管理，实现赋能农业生产，切实达成降耗增效。建设水利设施，充分利用引水、排水、蓄水、灌溉等多种功能，实现节水灌溉、绿色灌溉、数字化灌溉；在农机具方面，要建立专项资金，帮助农机具厂家降低生产成本，增加农机具的产量和销量，并鼓励农户积极利用先进的农机具，促进农机具向田间推广。

2. 推进农村区域信息化建设，打通农业行业的信息壁垒

美国政府依靠不断完善的数据库、数据平台等手段，对农业数据进行了全面的控制。日本全国所有的农业科研单位和当地的农业都实现了网络互联，农民可以根据不同的品种和区域特征，在线查询作物的种植要点和供求信息，各机构间可以通过互联网合作交流。

智慧农业的健康发展离不开数据的支持，应从中央层面加强有关农业数据的整合，

强化农村地区的信息化建设,建立各区域特色化农业大数据平台,充分利用和挖掘用户数据。同时,加强智慧农业信息化建设,保证信息的真实性、准确性、数据共享,真正实现农业的智能化发展。

在此基础上,农业大数据平台的建成将为农民提供大量的农业数据,如产量预测、土壤肥力、土壤组成等,通过对产量预测、土壤取样、机械化等方面的数据支持,为智慧农业的发展提供数据支持,帮助农户进行数据分析,为下一步的耕种生产提供决策依据。

3. 加大科技创新力度

由于智能农业需要更多的信息技术和海量数据,因此,应根据信息平台、数据资源、技术人员等现实需要,通过适当的资金支持,提高农业科技成果的转化效率。同时,要加强农业大数据的相关支持,加快农业数据、技术、管理等方面的信息化建设。

三、有力的政策引导

从各智慧农业发达国家的农业发展历程来看,政府的各种政策规划支持和相应的调控至关重要。无论是加快科技的研发,还是加速各种技术以及法律法规的推广,政府都在其中扮演着重要的角色。我国智慧农业还处于起步阶段,政府如何有效地参与建设,鼓励企业加速研发,成立示范项目以加快推广,都需要有力的政策支持。

第一,完善相关的支撑体系,明确发展的方向。一是政府应当转变以往"重产品、轻服务"的观念,将智慧农业作为现代农业发展的战略定位。二是要积极完善与之相适应的相关制度建设,完善推动其发展的政策制定;拓展农业信息化的基础设施,为发展智慧农业打下坚实的基础;加大政府对农业的投资,鼓励和引导社会资本参与到智慧农业中来。

第二,加速出台有关法规,为发展智慧农业提供法律基础。随着智慧农业的发展,相关的法律法规需紧跟其上,及时有效地制定有关政策对智慧农业的发展有强有力的推动作用。智慧农业作为新兴领域,急需政府出台健全的相关政策和法规来引导企业的发展。美国已经制定了多种政策法规,以推动智慧农业的发展。其中包括《环境保护政策》《中小农场扶持政策》《基于 Web 的供应链管理政策》《农业改善法》,以及《创业期农牧场主贷款政策》,这些政策均对智能发展提出了具体的政策建议。对有关智慧农业政策进行立法,有利于为有关涉农企业、科研机构提供更好的技术支持;为地方政府提供政策指导,以扶持农户大力发展智慧农业,引领未来发展方向。

第三,制定智慧农业相关国家标准。针对智慧农业行业标准和国家相关标准缺失和不完善等问题,政府应该联合企业与科研机构,积极推进相关标准的建立与实施。通过统一的技术标准,保障企业从设备的研发阶段就能够有一定的标准可以遵循,各家的产品之间能够做到相互兼容,大大降低了使用者在各个厂商系统之间切换的麻烦。

第四,发展智慧农业,应着眼于六个主要系统的构建。

一是聚焦行业发展需求,提高农业生产效益。从智慧种业、智慧农田、智慧种植、智慧畜牧、智慧渔业、智能农机、智慧农业七大领域,进行全方位的突破。

二是要推进农业生产的全链条的数字化，提高农业生产的质量和效益。加快农产品"加工—仓储—电商—追溯"各个环节数字化的更新换代与产业升级，形成农业全产业链信息流闭环。

三是加强农业农村信息化建设，提高农村信息化建设的水平。重点是要建立和完善农业农村数据资源系统，进一步发展和推广农业农村大数据的实际应用，促进政府的信息化建设，做到用数据说话、用数据决策、用数据管理、用数据创新。

四是加大科技创新力度，加大农业农村信息化建设力度。加强科技创新，加强关键技术的研究，加强农业和农村信息化建设。

五是建立农业社会化服务系统。发展全程覆盖、区域一体化，同时加强公共服务建设，通过政府机构设置的公共服务平台，能够强有力地指导农业的智慧化生产销售。同时通过这个平台，农户能够及时了解到最新的资讯，做出相应的适合生产的调整策略。另外，通过政府信息平台，还能够加强对企业、农户的管理，进一步起到监管作用，对技术研发、推广以及食品安全方面有着很大的保障。

六是建设新时代农业人才体系。随着农业业态变化和农业生产过程智慧化程度的提高，智慧农业专业人才的需要旺盛且迫切。当前，智能化农业已经进入了快速发展的轨道，但是目前我国从事智慧农业的人才储备严重不足，急需引进高端人才，提升智慧农业科研队伍的整体水平。

建议加快制定智慧农业人力资源战略。引导各大公司积极培育科技人员，为发展智慧农业奠定坚实的基础。加强农村人力资源的培养，培育一批懂技术、懂管理的复合型农业人才；要不断深化行业高等教育的改革，突破学科壁垒，培养一批跨学科、复合型的农业科技人才；逐步推进对农民专业技术资格的认证，培养会生产、会经营、能经营的"新职业农民"。对于智慧农业人才培养认定的实施主体，建议选择农业领域的龙头企业、在行业内有影响力的企业。由市场主导进行，真正推进技术产业化、真正培养匹配市场需求的人才，真正赋能我国现代农业快速发展。

同时针对实际使用需求，也要进行相关的使用者的培训，使其能够正确高效地使用相关开发商的系统，保证使用上的畅通性。

第二节　加大智慧农业推广力度

目前智慧农业发展态势良好，但多以政府、企业牵头的试点工程为主，并未进行大规模推广应用，关键原因在于推广力度不足。相当一部分的生产者还接触不到智慧农业的高新技术，难以支撑其实际生产，因此，需要政府和企业加大力度，做好相关的宣传推广工作。建议从以下方面加强智慧农业推广力度。

一、引导智慧农业文化与产品宣传

传统农耕文化在我国延续数千年，传统农业耕作方式在农业从业者心中根深蒂固。

同时我国农业从业者总体来讲文化水平普遍不高,对于智慧农业等新事物的认知和接受程度都比较局限。人们依然存在着只"靠天吃饭"的想法,这对我国的农业生产十分不利。因此,智慧农业文化和产品宣传十分必要。要不断加强智慧农业的推广,让生产经营者改变传统思维,逐步适应农业现代化的发展。这样才能提高农业的生产效率和安全。

建议政府将一批优秀的智慧农业成果作为示范项目,面向农业从业者进行多渠道的智慧农业现状及优势的科普宣传,同时结合实际进行对开发和生产的介绍,让生产者逐步接受智慧农业经营模式。

建议引导企业展开智慧农业的宣传推广,通过建设试验试点,充分展现智慧农业的发展与应用潜力,拓宽其实际运用途径,积极推进智慧农业技术的普及,加快发展智慧农业。

二、加大智慧农业新兴技术的推广

目前在我国农村地区机械化水平已逐步提升,农业的生产效率得到了保障。但在面对智慧农业这种更高一级的技术时,往往还不能够熟练使用,对于智慧农业技术的学习意愿也需要进行引导。建议强化智慧农业技术农民培训及技能认定,加快智慧农业人才培养。首先,结合人社部现有的职业技能认定相关政策,以用人企业为主体,开展农业领域的职业技能培训及认定,在部分城市,打造一批培训及认定试点。根据市场需求,拓展智慧农业操作工人、智慧农业运营人才等未收录工种的职业技能培训认定。颁发职业资格证书,开展智慧农业技术人才职称评审,并提高职业证书及职称含金量,土地承包经营权流转、创业贷款等各类扶持政策结合,加快推进智慧农业人才培养,推进乡村人才振兴。其次,在培养农业专业技术人员方面,将全国农业院校、科研机构的力量有机结合,充分利用现有师资、科研基础,建立一套适用于我国实际的高素质农业人才的教育机制,培养广大农民及年轻学子的智慧耕作理论,为农业智能化的发展输送有真才实干的农业人才。

三、加大政府示范项目推广

智慧农业项目的实施离不开一些示范项目的带头作用,这就要求政府积极进行示范项目推广。给潜在使用者看到实际的案例,了解智慧农业在赋能农业生产、切实实现提质增效的详细信息,激发农业从业者选择使用智慧农业系统的欲望。示范项目的推广能够有效检测智慧农业中技术的可靠性以及存在的不足,能够促进市场扩散和商业化的推进。同时通过示范项目,还能够推进相关政策的有效落实。

将现代农业园区与智慧农业示范基地相结合。结合当前的国家农业园区建设和相关政策,开展大规模的智慧农业示范基地建设。在发展初期,以现有的现代农业园区为基础,嫁接入智慧农业技术,通过对当前阶段的种养殖等生产过程进行赋能,在助力现代农业产业园快速发展的同时,全面推进智慧农业示范基地建设。中后期,可参照现代农业园区分类建设模式,布局国家级和省部级的智慧农业示范基地,在此基础上,各省全面启动市级和县级的智慧农业示范基地和试点建设。同步出台智慧农业发展扶持政策，加大财政资金投入，把智慧农业设施建设列入国家新基建的范畴，支持农业农村数字化建设、智慧农业示范基地建设等。

四、发挥市场在资源配置中的决定性作用

智慧农业相关项目的实施主体向企业倾斜，以技术应用为主，以产业落地为目的，摈弃原有的项目立项实施以党政机关、科研机构及其下属企业为主的方式，减少科研院所、学院等的涉足，将智慧农业项目的实施主体下放给企业，放宽企业准入条件，最大限度引导具有市场活力的民营企业参与。

智慧农业示范基地的建设、智慧农业人才的培养认定、智慧农业农机作业补贴试点建设等的实施主体，建议选择农业领域的龙头企业、在行业内有影响力的企业。由市场主导进行，真正推进技术产业化、真正培养匹配市场需求的人才，真正赋能我国现代农业快速发展。

第三节 加强科技研发与成果转化

农业关乎国计民生，应当确保其长远健康发展。同时，农业覆盖地域广、投入成本高，这就要求加快智慧农业科技研发与成果转化，使智慧农业应用更有针对性、能真正服务于农业生产实际。

一、加快物联网的发展，保障精准农业的实施

目前我国农业物联网技术的研究开发和应用尚处于起步阶段。各种传感器的设计使用还处于试验阶段，各种从事相关产业的企业公司也都还未形成较为完整的解决方案体系。因此，要鼓励企业、电信运营商、科研机构等积极地开展农业物联网技术的研发和应用，并大力发展已有的传感技术、传输技术，使其在相关领域得到广泛应用。改善农业物联网的应用程序模型，为智慧农业的发展提供良好助力。

建议统一农业物联网技术标准，通过相应领域国家标准及行业标准的制定，促进农用传感器的研发，在实现可靠度高、适应性强、投入成本低等指标的同时，满足各类农业应用环境需求，解决网络化、智能化等诸多问题。在此基础上，进一步考虑完善农业物联网感知节点的方法，同时构建适合中国现代农业发展需要的农业物联网基础软件和应用服务系统，为系统集成、批量生产和大规模推广提供技术支撑。

二、农业机械化管理智能化

我国农业机械化的应用相当广泛，各种大小中型的农机具使用起来非常方便，大大

提高了农业生产的效率。当前，我国农机数量庞大，在信息化条件下，如何进行高效的管理成为智慧农业发展的必然要求。这就需要解决农机管理中遇到的困难，发展农机智能化经营模式，依托5G技术及互联网优势，建立相应管理平台，实现信息的互通和共享，帮助使用者和服务提供者建立深度联系，同时还有利于农机管理部门的宏观决策。

三、提升移动通信服务能力

在近程通信中通过农业生产现场部署的传感器和控制器，将采集到的数据传送至网关而后传输至本地的后台服务器中，农户在本地服务器即可使用。但不是每个农业生产现场都有条件部署本地服务器的条件，同时由于有的农业现场覆盖面积较大，近程通信设备也只能作用于一小块范围，范围内的传感器和控制器还是需要将数据传送至网关，由网关再传送至后台服务器，这里也就绕不开远程移动通信服务。

移动通信服务能力作为物联网的关键点，涉及远程数据传输稳定性的问题。如果网络运营商信号覆盖不足，信号强度不够，将会大大削弱相关设备的实际运行能力。现有的移动通信服务主要以4G为主，3G、2G等因传输速率低问题已逐渐淘汰，但在一些信号不好的地区，没有4G信号的覆盖，就会回落到3G甚至2G信号，造成系统的非正常数据传输。因此，增强移动通信服务能力是发展远程通信设备的基础，未来随着5G的不断推进，万物互联的农业物联网时代将是未来智慧农业发展的主要趋势。无线通信技术也将获得越来越广泛的应用。

四、提高产品的广适性、耐久性和价格亲民性

在实际的耕作环境中，各地区生产条件相差较大，土壤、气候、降水量等各有不同，这需要智慧农业产品能具备广泛的适用性。例如，在降雨较多的区域，要加强产品的防水防尘性能，以避免因雨水冲刷而导致的损害。

农业生产场地设备配置比较复杂，维护难度高，存在运营成本持续增加问题。在设计的时候，要充分考虑各种实际的使用情况，将可靠、耐用作为首要目标，要能够适应各种复杂场景，并易于维修和管理。同时，要让产品的价格更贴近消费者，不能超出消费者的承受能力，否则就会影响到产品的普及。因此，将品质与价格相结合，创造出具有性价比、可靠性、经久耐用的智慧农业系统，是非常有必要的。

五、拓展产业应用领域

智慧农业的系统中运用了非常多的技术，例如物联网、大数据、云计算等，这些技术不单单是为智慧农业服务的，还运用在其他领域。智慧农业的运用中，一些应用可以结合其他产业的应用，共同开发新的技术，拓宽产业的应用领域，实现协同发展。

六、加大科研投入

智慧农业要获得长足发展，科研投入必不可少。目前我国关于智慧农业的相关科研研究水平不高，科研机构、高校以及企业对智慧农业的研究有限，使得智慧农业的发展较为缓慢。因此，必须加大科研力量的投入，政府可以通过设立相关项目以鼓励高校等积极研究智慧农业，不断提升自主创新能力。同时还要保证良好的吸引人才政策，积极鼓励相关产业人才投身于智慧农业技术的研发。要继续强化智慧农业的研究和开发，使其在实际中的应用水平得到持续的提高。

七、加大投资力度

技术的创新和科研力量的投入需要资金支撑，智慧农业相关技术的研发更需要大量的人力物力。其中政府的投资力度要占到一定的比重才能在发展初期带动其他类型投资。加强科技投入，设立专项资金用以支持智慧农业的研发。同时政府还可以加大智慧农业领域对外的招商引资力度，配合相应补贴手段，积极促进企业参与进来。同时相关研究机构、企业等也要积极寻找投资渠道，比如风险投资、融资等，解决资金不足等问题，加快创新研究。

八、积极发展农产品溯源与电子商务技术

食品安全关系到每个人的生命健康，作为消费者，当然都希望自己买到的农产品是安全可靠、健康无污染的。但消费者如何才能更加详细地了解自己购买的农产品是否真的安全，这就需要智慧农业中的一个关键应用——农产品溯源系统。我国目前农产品市场主要还是以离散型市场为主，各自有着自己的销售体系。因此，有效管理和质量安全监管变得更加困难，这使得农产品的生产、加工、包装、储存、运输和销售的农产品有着不安全的因素。此外，随着设施农业的发展，农产品的虫害控制，以及对农产品、化学杀虫剂、兽药、鱼药、化肥和生长调节剂的需求不断增加，在作物的生长过程中会得到广泛的应用，这不仅是农产品的生产问题。安全问题也在许多方面造成了影响，如农田环境质量等。与此同时，随着人们生活水平的提高，消费者的消费观念逐渐从追求生活基本的物质需求转向追求更高的生活品质。

农产品溯源系统的应用，能够让消费者了解到更加丰富的产品信息，从农业现场的各类环境信息、作物健康状况，到物流运输环节等都能够被公开透明地查询到，从而让消费者放心。企业也可以通过这个系统，展示自身的发展优势，起到品牌推广的作用，同时也能够做到自我监督，不断改善自身的发展。

不断发展农产品电子商务。传统农业销售模式以面对面的实体销售为主，往往销售不够便利。采用个体户直接销售模式，能够保持一定的利润，但往往投入的时间和精力较大。采用向批发商供货的方式，由于层层分销，农户实际的利润就不多了。还有在信

息不发达的时候，往往容易出现跟风种植某一作物的现象，不能很好地细分市场，造成农产品滞销。但通过电子商务的经营模式，利用淘宝、1688、京东等互联网电商平台，农户在家就可以直接售卖农产品，减少了中间的一些环节，达到了直产直销，消费者能够买到最实在的农产品，农户也从中获得了便利。同时，通过电子商务销售模式，农户能够提供更多的有关产品的信息给消费者，便于消费者了解自己的产品，能够有效带动销售。利用互联网信息的快速传递的特性，农户还能够实时了解到现在的市场价格、热销情况，有利于为自己的生产作业提供有效信息，做出合理的决策。农业电子商务因其良好的开放性，解决了传统销售模式中信息获取难、运输不便等问题，日渐成为农产品销售与流通的一个有效手段。

九、积极创新四项技术体系发展智慧农业

大力发展智慧农业四大技术体系，包括生物科技、装备科技、生态科技、资讯科技。利用生物技术对农业进行创新，其中包括生物芯片技术、基因编辑技术、基因芯片技术、分子标记技术等；以先进的技术装备农业，针对重要粮食、经济作物、设施农业等关键环节智能作业智能装备技术进行研究，以信息技术、智能装备为基础，构建高度自动化和智能化的农机装备系统。将农业科技和生态环境结合打造生态科技，以信息化、智能化的方式优化生态农业体系，推动生态农业产业发展。在传统农业中引入大数据和技术，让农业数据变成资讯、资讯变成价值，服务于新型高价值现代农业发展。

第四章 智慧农业技术应用与发展趋势展望

现代农业的发展方向已经基本明确，即与多种新技术结合后的智慧农业。全球多个发达国家都纷纷提出了智慧农业发展计划并围绕智慧农业进行了广泛的布局。我国作为传统农业大国也高度重视农业信息化，在《"十四五"全国农业农村信息化发展规划》中明确指出，要大力发展智慧农业，提升农业生产保障能力，聚焦行业发展需求，从智慧农田、智能农机、智慧种业、智慧种植、智慧畜牧、智慧渔业和智慧农垦七个方面进行全面突破，让智慧农业迈上一个新台阶。

第一节 物联网技术应用展望

在现代农业的发展过程中，物联网技术在农作物种植、水产养殖、畜禽养殖、农情监测、农产品溯源、节水灌溉、精准施肥等诸多领域都发挥了良好的推动作用。世界上一些发达国家例如美国、荷兰、日本和以色列，已经在智慧农业领域有了长足的发展，在理论研究和实际应用的硬件设备方面都已经相当先进，配合强大的物联网信息系统，能够对农场的情况进行实时监控和自动报警，既减少了人力投入，又能保护环境，为农业生产的发展奠定了坚实的基础。

相较于美国等发达国家，我国农业物联网技术还处于初期发展阶段，存在成本高、规模小、见效差以及专用传感器缺乏、农艺与农机融合度不够等缺点。因此，对于物联网在农业领域的应用方面，我们首先应该提升先进设备的制造能力，在有了可升级的设备之后，积极地引入物联网技术，对农场进行全方位的实时监控，最后引入信息化技术，对收集来的农场数据进行统一管理和分析，最终实现高效、智能的现代化农场管理。本节重点通过对物联网的"感知层、传输层、应用层"3个层次关键技术的介绍，指出当前我国农业物联网发展面临的问题，分析国内外研究和应用现状，并结合我国情况提出农业物联网未来的研究方向与发展趋势。

一、农业物联网技术发展现状

（一）信息感知技术

传感器在物联网领域是最最基础的组件，没有传感器，监控农场数据就无从谈起。良好的传感器能够帮我们获得更加精准的数据，减小数据分析的误差。因此传感器在感知层中至关重要。目前,传感器技术已经相对成熟,被广泛应用于农业种植、航天探索、医疗交通、环保气象、工业机械、文物保护、地质勘探等多个领域。农业物联网传感器的智能化转型是提升现代农业信息化与智能化的核心。

1. 种植信息感知技术

(1)环境信息传感技术

环境监测传感器有许多种类,比较常用的有温度、湿度、光照强度、CO_2浓度、气压等传感器。现今农田所使用的传感器大部分面临比较恶劣的环境,常规农田环境感知传感器已无法满足使用需求。因此,低功耗、耐腐蚀、稳定可靠的环境传感器已成为主要发展趋势。

(2)土壤信息新型传感技术

土壤信息类传感器可以监测土壤温湿度、电导率、pH值、土壤墒情等参数。传统的土壤信息分析方法耗时耗力。近几年,各国科研人员加大了对土壤信息快速检测方法的相关研究且取得了较大进展。

土壤湿度检测。研发人员通过可见—近红外光谱、太赫兹透射光谱等技术进行土壤湿度检测均获得了较好的检测效果,解决了传统的土壤湿度检测方法慢、频域反射和时域反射等电磁传感方式适应性差等一系列问题,为土壤湿度的精确测量提供了新的方法和技术。

土壤养分检测。土壤养分检测技术是指导科学施肥的主要手段。比色技术、反射计试纸交换技术、分光光度技术、滤光技术等是目前土壤养分检测的常用技术。科研人员利用可穿透光谱对不同深度的土壤有机物、磁悬浮颗粒含量的检测以及近红外光谱对土壤中有机质、氮、磷、钾等成分的检测都有较好的效果,为土壤养分快速准确地检测提供了新方案。

土壤农药残留检测。土壤农药残留会导致土壤环境严重污染,传统检测方法依赖大型仪器且过程复杂,无法进行实时监测和推广应用。而常规的光谱技术又无法满足现代农残的检测。因此新型的检测技术已成为当前研究课题的重点。

(3)作物信息新型传感技术

作物营养与生理检测。作物的营养和生理指标对评价与监测作物生长起到了非常关键的作用,要想实现作物生产的智慧管理,需要通过数字图像处理技术、近红外光谱、高光谱等技术快速、精准地获取作物中氮、磷、钾、植物色素、可溶性蛋白质等营养生理成分。

作物病虫害检测。作物产量、品质及农产品安全深受病虫害的影响,病虫害监测在农田管理过程中极其重要。近几年,许多公司及学者建立了多种作物的病虫害模型,通过田间及移动可视化设备,结合建立的模型算法,为作物病虫害早期识别、监测及虫害治理提供了多种可能性。

农产品重金属检测。农作物在生长期内需要浇水、打药、施肥,如果这其中某个环节存在重金属污染,都会被吸收到农作物体内,导致营养元素的缺失,降低酶活性以及钙、镁等矿质元素的吸收、运转能力,影响农作物的品质甚至死亡。而含有重金属的农产品被动物或人食用后,会造成严重危害。目前,原子吸收光谱法、原子荧光光谱法、紫外可见分光光度法等都是常用的重金属检测方法。

农产品农药残留检测。在农作物的生产和管理的过程中，农民常常会为了防治害虫而使用大量的农药以保证农作物的正常收成。但残留的农药不仅会降低农作物的质量，而且对人体有损害，会影响农作物的销售。为了解决残留农药的问题，应当加快研究又快又准又可靠的农药检测方法，如增强拉曼光谱、太赫兹时域光谱等，并推动新技术的应用。

2. 养殖信息感知技术

（1）畜禽养殖信息感知

当今畜禽养殖业正在朝着规模化、集约化、设施化的畜禽养殖方式发展。养殖信息的智能感知技术及专用传感器的发展，是推动畜禽精细化养殖进步的重要底层驱动力。通过先进的传感技术、计算机技术、音视频监控技术等多维信息感知技术，帮助养殖户实时监控养殖场环境情况，畜禽的生理信息等，从而保障畜禽的健康成长。

畜禽养殖环境信息感知。通过对畜禽养殖环境的感知，实时监测畜禽舍内因饲料、畜禽粪尿、垫草、发酵物产生的粉尘和一氧化碳、氮气、甲烷等有害气体，可以避免环境因素对动物生长发育产生影响。对畜禽舍内环境信息的感知，是畜禽养殖的基础。目前，在畜禽环境有害气体感知中应用较多的是基于电化学检测原理的气体传感器。而光照强度的感知器件则包含灵敏度高、响应慢的光导型以及稳定性和光电特性的线性度更高的光伏型。

畜禽舍的环境会受到人为、气候等多种因素的干扰，所以畜禽舍的养殖环境比较多变，信息获取难度较大。因此，急需研究适用于特定复杂的畜禽养殖舍环境信息感知与采集技术。

畜禽体征信息感知。由于畜禽活体特征复杂多变，开发精准化、智能化的新型体征信息感知技术十分困难。与传统的获取畜禽生物数据信息的方式相比，新一代的获取方式除了传统的传感器之外，还引入了机器视觉、双目视觉和径向基函数（Radial Basis Function，RBF）神经网络等图像监测技术，可以实现全面精准的动物生理指标测量和日常行为的识别且不会对动物产生危害。此外，通过采用声音收录设备实时录制动物的声音信息，建立声音分析数据库，构建声音监测系统，可以判断动物是否发生疾病，监控动物的成长状况。

（2）水产养殖信息感知

水产的品质取决于水质。依据电化学原理的传统的水质传感器在测量时容易受到外界因素的影响，存在校正方法烦琐、使用寿命短、使用范围小、测量精度差等问题。新型的智能水质传感器可以自动实时监测温度、浊度、溶解氧、电导率和pH值等多个指标，并且可以在采集到这些数据后进行预处理和数字化展示。

3. 农业生产管理的个体识别技术

（1）个体识别技术

RFID无线射频技术、二维码一物一码防伪技术、激光打码技术都是农业物联网中主要的个体识别技术。

RFID 无线射频技术。RFID 是一种射频识别技术，这种技术在追溯信息上非常有用，只需要将搭载 RFID 技术的芯片贴在产品上，就能够自动完成收集出入仓库和物流运输的信息，完整记录产品的位置和轨迹。目前 RFID 已应用于大部分农牧产品溯源系统中。

二维码技术。二维码是现实与虚拟联通的重要桥梁，它已被广泛应用于农业物联网中。消费者只需要简单地扫描一下二维码就可以查询到农产品从种植到售卖的详细溯源信息，系统自动保存查询记录，在产品产生问题后可以第一时间进行产品的精准召回。

激光打码技术。通过冷激光在线赋码设备在农产品包装表面打上防伪测源码，消费者可通过手机扫码查询产品信息。这种方式零耗材、无污染、赋码清晰，保证源码不会被恶意调包。

（2）仓储物流信息感知

为了避免企业因质量纠纷受损，仓储物流信息感知系统利用传感器技术、RFID 技术或条形码自动识别技术、GPS 技术和车载视频识别技术等对农产品仓储和物流过程中的环境信息进行实时监测，对货物进行识别和实时定位追踪，及时预警，消除农产品质量安全隐患，实现农产品全生命周期的追踪溯源。

（二）信息传输技术

农业物联网信息传输方式主要分为光纤通信、电力载波、程控交换、现场总线等有线通信技术和射频通信、调频通信、第 2/3/4/5 代移动通信（the 2nd/3rd/4th/5th generation mobile communication technology，2G/3G/4G/5G）、LoRa、NB-IoT、ZigBee 等无线通信技术。随着技术的进步，新型关键通信技术和组网模式让通信带宽、通信速率、组网效率都有了明显的提升并应用到农业物联网场景中。

1. 5G 通信技术

5G 通信技术也叫作第五代移动通信技术。其特点主要有三个，一是应对移动互联网导致的流量爆炸增长的增强移动带宽（eMBB）；二是面向工业控制、自动驾驶等要求超短时延和高可靠度的行业超高可靠低时延通信（uRLLC）；三是面向智慧城市、环境监测等以数据采集为目的的多种类设备通信的海量机器类通信（mMTC）。它整合了大量技术，网络结构、网络能力和要求都与过去有很大不同，弥补了 4G 技术的不足，在连接速度、系统容量、连接数量、网络延时等方面有了大幅度的提升，实现了真正意义上的融合网络。

2. 远距离无线电（long range radio，LoRa）技术

在通信行业，低功耗与远距离传输一直是研究人员难以突破的瓶颈，如同鱼与熊掌不可兼得，研究人员只能在功耗与传输距离之前不断权衡。为了解决这一问题，美国一家名为"Semtech"的公司开创研发了一种新标准，称为 LoRa。LoRa 底层处的基础是扩频技术，可以在功耗和传输距离上找到一个不错的平衡点。LoRa 在和传统的无线电技术维持相同的功耗下，前者比后者的无线射频通信距离增长了 3～5 倍，信息传输能力与

稳定性大幅提升，具有功耗低、传输距离远、成本低等优势，适用于传输少量数据的应用场景。

3. 窄带物联网（narrow band-Internet of Things，NB-IoT）技术

NB-IoT 是将 NB-LTE 技术与 NB-CIoT 技术融合之后的产物，集合了两者的优点，窄带物联网又称为低功耗广域网（LPWA），目前属于万物互联网络的分支之一。窄带物联网技术的主要功能是让低功耗的物联网设备通过广域网的蜂窝数据进行相互通信。由于其占用的是 180kHz 频段，可以在 GSM 网络、UMTS 网络、LTE 网络中快速部署，充分满足那些对高质量的网络连接有需求，但本身续航时间不长的设备的需求。但窄带物联网的低速数据传输、隐私和安全、IT 系统的转换时间等特性，都会限制它的发展。

4.ZigBee 技术

ZigBee 联盟在 2003 年正式提出 ZigBee 技术，"ZigBee"这个名字借鉴了蜂群的交流方式（即蜜蜂会依靠飞行和伴随着嗡嗡声的肢体语言交换信息），ZigBee 的通信方式与此类似。ZigBee 与 BlueTooth 技术相比的优势在于有更长的通信距离、更低的功耗，并且支持非常小的组网规模。

二、农业物联网技术的应用

农业物联网应用体系主要包括高精度传感器、无线传输、数据压缩、智能分析等技术，将这些技术融合起来，就能够构建出一个先进的农业环境数据监控系统，在农业生产过程中进行实时监测和远程调控，实现农业生产的智能化、高效化、集约化和标准化。

（一）种植物联网技术应用

1. 农田信息感知与调控

农田环境监控系统主要是实现对温度湿度、气象、光照、土壤、水质等信息的自动监测。气象人员可远程调取相关实时数据，及时分析形成气象专报，实时发布最新的气象动态，重点对特殊天气进行预警和提示，让农技人员、种植户和广大农民及时掌握天气信息，为农业安全生产保驾护航。可方便用户及时了解种植环境的具体情况，提升气象服务水平，突出科技化和智能化，帮助种植者利用科技发展高效农业。

2. 大田作物病虫害诊断与预警

病虫害诊断与预警系统，通过田间布设的传感器，结合图片（或视频）诊断模型算法，实时监测作物的病虫害信息并作出诊断和预警，指导种植人员科学施肥施药，防止病虫害的大规模泛滥，保障农业生产安全。

（二）养殖物联网技术应用

1. 畜禽养殖物联网

畜禽养殖物联网系统能够通过物联网系统实时检测养殖场内的环境信息和动物活动、生理信息，从而使养殖人员不必待在养殖场，从而在畜禽的养殖、管理上实现自动化和智能化，为后续提供智慧服务打好基础。如浙江省畜牧养殖云服务平台已覆盖省、市、县、乡（镇）、监管对象五级，实现主体全覆盖，通过全程数字化实现有效共治、共享，大幅提升了畜禽养殖业的智能化管理水平。

2. 水产养殖物联网

智慧水产养殖是我国水产养殖业的未来发展方向。目前，我国水质传感器的稳定性和可靠性不高，水产养殖物联网技术的应用仍需要研究。近几年，国内科研院所及科技公司积极开展水质传感器技术攻关以及水产养殖调控模型的研究，推动了我国水产养殖业的智慧化转型。同时，也开展了基于自动巡航无人驾驶技术和水下机器人自主巡线技术的养殖环境动态监测研究，实现了温度、浊度、溶解氧、pH值等指标的实时监测，以及养殖物生理信息的实时定点获取。

3. 农产品溯源

农产品溯源体系在国家政策和技术发展的双重推动下正逐步完善和普及。以物联网、大数据、云计算等新兴技术为核心的农产品溯源系统使得消费者能够轻易地获取到购买的农产品的详细信息，极大地提高了消费者对产品和品牌的信任程度，帮助企业高效管理客情关系。

种植业溯源包括播种、种植、收获、加工、仓储、运输销售等环节。在生产环节，构建生产档案对农事操作、投入品使用、质量检测等信息进行记录管理；在仓储运输环节，对仓储物流过程中的环境信息和产品质量进行实时监测；在销售环节，消费者可通过查询二维码、批号等方式追溯产品的详细信息。

畜禽业质量安全追溯系统，通过对养殖、屠宰、加工、销售、流通、消费等环节的全程信息化监管，实现畜产品的全产业链溯源。

水产养殖业质量追溯通过数字条码、二维码等技术，实现水产养殖过程中的水质管理、养殖户、生产地、投饲、用药等信息的数字绑定，确保追溯信息的真实性、连通性、完整性和可靠性。

三、农业物联网技术的发展展望

随着农业物联网技术和设备的飞速发展，物联网技术已应用到农业的诸多领域，并逐步形成专业化经营管理模式，促进农业生产和管理水平的提高。具体将会体现在以下几方面。

1. 新型农业传感器不断进步

新型农业传感器的不断丰富和体系的完善是未来农业物联网发展的前提。目前，常规的环境类传感器相对可感知复杂种植/养殖环境信息以及生命体征动态信息的新型多功能复合传感器比较成熟，所以，后者应该作为未来农业传感器发展的主攻方向。同时，随着科技的不断进步，低成本、微功耗、小体积、自适应、高可靠的农业传感器将成为农业物联网发展的趋势。

2. 边缘计算管理技术飞速发展

随着农业物联网技术的深入应用，涉农数据将呈现出爆炸式增长。信息要转化为价值需要保证数据的精准性和可靠性，而因现实环境的复杂性，感知到的农业数据量多、种类复杂，从中筛选出有用的数据将成为数字农业发展关键。建立科学高效的边缘计算管理机制不仅可以让客户以高效的方式清洗数据，保证数据的可靠性，同时会进一步推动相关政策的制定，也将催生新业态，激发产业活力。

3. 新型农业智能作业装备不断涌现

随着农业物联网技术的发展，智能装备将在农业领域中逐渐替代传统农作方式，朝着智能化、微型化、可移动化变革。未来农业物联网发展的主流方向是降低维护的成本、降低设备的功耗、提高系统的可靠度，这些目标需要我们去探索新的原理，寻找新的结构，制造新的材料。此外，智能装备的广泛应用也将进一步促进农艺与农机的深度融合，让农业机械发挥更大的作用。

4. 促进分子设计育种技术不断提高

近几年，我国高度重视分子设计育种。通过相关项目的实施，理论与实践相结合，不断推进分子育种技术的发展与应用，提升种业自主创新能力水平。农业物联网技术的发展与应用，极大地丰富了现代设计育种领域的信息来源，精准、高效的分子设计育种技术将带领作物育种进入一个新的时代。

5. 加快推进现代绿色生态农业发展进程

一直以来，我国都十分重视"三农"问题，建设绿色生态农业的目标连续多年出现在中央发布的文件中。究其原因，推进绿色生态农业的发展是促进农民增收、农业增效的重要途径。智慧农业通过实施科学施肥、精准用药、节水灌溉，循环利用，合理利用农业资源、减少污染、改善生态环境，成为绿色生态农业发展的形势。绿色生态农业生产的农产品也更加健康，更受消费者欢迎。

第二节　云计算应用展望

云计算是一项基于互联网的计算模式，其本质是一种可以远程操控并且可以进行数据存储的操作系统。云计算的兴起推动了诸多行业的快速改革，其中就包括了农业领域的信息化、农产品销售的电商化以及农业管理的智能化。虽然云计算在今天已经相当盛行，但与产业的结合还有很多不足和欠缺。目前，云计算在与我国农业的结合方式方法都还处在探索阶段，成熟度有待提高，普及率也还相当低。因此，基于我国农业的现状，积极探究如何将云计算与农业的发展有机结合起来，对我国农业的发展将会产生深远的意义。

一、云计算概念及特点

1. 云计算的概念及内涵

众所周知，在互联网时代中每时每刻都会产生大量的信息，而信息的增长速度已经几乎可以用恐怖来形容，很多人将这种现象形象地称为信息爆炸。作为一种深度依赖互联网的技术，云计算已经被应用于许多具有相关需求的领域，尤其是在企业运营方面，已经获得了很好的效果。其本质是一种可以远程操控并且可以进行数据存储的操作系统，并且可以很好地与当前的大部分计算机兼容，所以其运行的条件很容易被满足。这个系统会在接收到大量的信息后将其分成许多份，并将它们分配给受到系统操控的计算机中，这样就形成了通常所说的云，也可以将云看成是各种资源的总和。这项技术主要是通过综合网上的各种资源，来给予具有不同需求的用户不同的自助服务。云计算服务的提供商需要承担设备的维护成本和网络的带宽成本，很少有免费的云提供给消费者使用，因此其更像一款可以进行购买的商品，用户通过购买来满足自己的需求。由于这项技术功能的复杂性，始终没有一个准确的定义，目前对其已经产生了上百种解释，其中比较主流的定义将其形容成一种按量付费或者包年包月的、可动态扩容且易于访问的远程服务资源。总的来说，云计算具有以下几个特点。

（1）超大规模

出售或租赁给客户使用的云服务器的数量非常大，云服务商相应地也会有非常多的物理设备，例如 Google、IBM、Amaon、微软、Yahoo 等企业。谷歌云计算数据中心的服务器数量以百万计，公司会利用虚拟化技术对这些设备进行统一管理，以满足用户不同的需要，来对整个市场提供云计算服务。

（2）高可靠性

云计算中心从主机、数据安全、网络安全、应用系统等多方面出发，从多方面尽可能保证云计算服务的可靠性，如利用心跳检测保证网络连接的稳定；利用数据多副本存储、计算节点可扩容等方式保证数据的安全性等。

(3) 通用性

云计算中心很少只服务于特定的应用，目前市场上大多数的主流应用都支持虚拟化，并且一个"云"可以保障多个不同类型的应用同时高质量运行。

(4) 高扩展性

云计算中心庞大的规模可以满足用户的增长，同时用户可以十分简便地将自身所需的业务进行扩展。

(5) 按需服务

云计算技术提供的计算能力几乎无上限的，用户可以根据自己的需要扩容或者缩减使用的资源数量，不同的应用所要求的数据资源库不同，云计算可以依照用户的不同需求为其快速地配备计算能力及计算资源，可以在项目的初期节省很多硬件购置成本。

(6) 廉价

云计算中心的巨大规模使得公司能够对大量硬件资源进行统一的管理和分配，大幅提高资源的利用率。由于数量巨大，硬件的成本也会被平摊，不仅节省了费用，还获得了不逊于大型主机的计算能力。

(7) 自动化

云主要通过自动化的方式管理和执行应用、服务、资源的部署以及软硬件的管理，因此，不需要在云中心投入大量的人力，节省了人力成本。

(8) 节能环保

云计算使用虚拟化技术对大规模的计算机资源进行统一管理，提升了资源的使用效率，普通企业的数据中心 PUE（Power usage effectiveness，电源使用效率）值在 2～3，相比之下，云在专业管理团队运维下，其 PUE 出色很多。例如 Google 数据中心的 PUE 值在 1.2 左右，即每 1 元钱的电力花在计算资源上，此外，再在制冷设备上多支出两角钱，一方面可以减少能源部分的支出，另一方面还可以保护环境，而微软则是将服务器放在海底，利用冰冷的洋流为服务器散热。总之，云服务提供商提议拿出大把的金钱来解决计算机的发热问题，不仅为环保做贡献，更重要的是能省下更多的制冷费用。

(9) 完善的运维机制

云计算之所以能在业界脱颖而出，是因为"云"的团队运维和数据中心是全世界最先进的，它还有非常严格的权限管理策略，这些都可以让用户的数据安全得到最可靠的保障。这样，用户就可以低成本地获得更方便的体验以及最专业的服务。

2. 现代农业中云计算技术的应用结构

从实质上来看，云计算技术属于信息互联网的一个创新形态，它并非单一作用于现代农业发展，而是和一些领域有关的信息互联网一起发挥作用的，如物联网、大数据分析技术等。而相比于其余的信息网络技术，云计算技术主要是在网络连接范围广泛、跨区域和跨部门、业务形态多样、信息数字化管理等方面具有优势。但必须注意的是，大数据处理技术和云计算技术的优点比较相似，也可以说是云计算技术的广泛化。

现代农业的云计算技术应用大致可分为三个范围。一是农村应用范围，包括农户、农民合作组织、农产品公司等，是现代农业发展云计算技术业务的核心目标。第二是农村地区的用户,包括农业组织、地方政府、有关主管部门、运营商、服务商和设备提供商等。这些用户是现代农业中云计算技术的主要资源提供者、资源保障者和资源使用者。第三主要是支撑云计算技术的重要网络、设施提供者等,为发展现代农业中云计算技术提供了重要的网络、设施条件。

二、云计算技术在智慧农业中的应用

1. 智慧农业物联网的系统结构

在云计算和网络信息技术的基础上,我们可以引入物联网技术,将传感器的数据通过网络上传到云端,实现在任何地点都能对农场状态的实时监控。这将帮助农民足不出户就能判断农场里农作物的长势、植物病虫害状况、土地水分状况、自然灾害影响大小等。同时通过监测数据对耕地实施监督管理,为后续更加智能化的农场管理系统奠定基础(表4-1)。

表4-1 农业物联网的数据结构

子系统	子系统功能
数据的整合	对不同来源的农业数据进行分类、抽取与清洗,进行数据的整合
控制数据质量	通过数据的表达规则与数据字典,对数据质量、接口、利用情况等内容进行实时监测,通过异常处理,保证系统正常运行
数据封装	将经过质量检验的数据根据数据库属性进行结构与数据封装形式的转换,转换后将数据存入对应的存储器上
数据统计	按照整体数据进行数据分类统计,系统自动统计相关数据的总条数,便于进行数据管理
整合规则	设置数据整合的规则,使数据的处理按照这一整合规则进行,不符合规则的数据则被系统拒绝

2. 基础子系统结构

采用云计算技术的智能农村物联网系统主要分为四大子系统。

(1)环境监测子系统

利用云计算技术,将温湿度传感器、风速传感器、光电感应器等相连接,对农田的环境气象活动实现实时监测。系统测量的技术参数,可以通过从物联网管理平台的可视化界面中体现。

(2)墒情监测及自动灌溉控制子系统

该系统可以实时监测土壤的温湿度,并将监测结果以数字化的形式传输到物联网平台上。同时,系统根据采集到的土壤信息自动控制灌水装置的启停,实现灌溉系统的自动化、智能化。让农业技术人员更准确地掌握土地墒情,更方便地管理农事活动。

(3)可视化监控子系统

该监测系统以B/S技术为核心,利用视频服务器进行视频信号的传送、交换。使用者在监控中心或异地互联网上能够实时观察农作物的生长情况。

3. 基于云计算技术的农业物联网平台技术分析

农业物联网系统总体上分为感知层、网络层和应用层。感知层就是不断将数据上传到云端的大量传感器；网络层就是承担上传数据任务的技术，包括以太网、4G、5G、卫星通信等；应用层会对上传到云端的数据进行处理，以更加生动形象的方式让用户快速了解农场的状态，提高了农田的管理效率，也是对农场进行智能管理的基础。

三、云计算技术在大数据农业中的应用

1. 大数据农业信息共享服务平台的系统结构

大数据农产品服务与信息公共服务平台，是对所有农产品的相关数据与信息进行采集、整理、汇集，而后为平台内的所有使用者进行信息的公共咨询服务。各应用都可以在大数据平台数据库中搜索所需信息，也可以和其他应用间实现信息互动。

根据应用方向的不同，我国基于大数据的农业共享信息服务平台主要有3个方向：①运用云计算技术、大数据技术等，利用网络把各类农业生产有关数据汇集起来，并对数据加以转换、综合、归类；②为用户提供有针对性的数据共享与互动业务，用户通过搜索和发送消息的方法获取其所需求的资讯；③对收集到的数据进行统计的管理分类，在大数据分析之前还要进行数据清洗，最后对数据进行编目。这样一套科学规范的管理体系，有利于对数据进行良好的分类和加密，最终加快数据的检索速度。大数据农业平台通常会采用B/S结构，并开放一些网络API，以实现与其他平台的协调合作。

2. 大数据农业数据共享服务平台系统结构

（1）大数据整合子系统

该体系主要功能为以网络为媒介，从不同数据途径获取农业有关数据，并对数据加以管理，确保信息数据的质量和有效使用。

（2）共享服务子系统

大数据分析集成子系统将大量离散地出现于互联网上，且对各种数据形态不一的农村数据分析加以集成，并提供大量数据的信息检索、共享和交换等功能。主要功能包括：一是大数据检索功能。该功能实现了对单一消息的搜索、多词组条件搜索、主题查找和全文检索等，当用户得到检索结果后，通过在结果列表中单击一定区域后就可以查看信息；二是数据信息的申请和审批功能，即用户可以上传个人信息，但是上传的个人信息必须通过农村信息系统的审批方可上传通过，并存储到农村数据库系统中；三是大数据划分功能，即可以按照数据信息所在的农业专题划分为类别，以方便大数据检索和存储；四是数据信息审查功能，即对来自各应用的服务请求进行审查，在审核通过后给用户开通对应的服务接口；五是应用管理功能，即对应用的账号、等级以及授权方式等进行管理。

(3) 元数据子系统

该管理系统主要是对数据信息发布管理工作，以及控制数据相关权利，对规模的统一评价。一是利用模块目录控制功能，建立并调整元数据模块，利用该模块可以快速地记录大量元数据信息；二是目标管理系统功用，即对系统中的数据资源加以划分、标识、关键词抽取等，同时也包括对目标表的撤销、新增、替换等功用；三是元数据统计分析功能，检索多元财务数据并对其加以统计分析；四是目标信息管理功能，即财务数据的更改、撤销、新增、审核等功用。

四、云计算技术在农业电子商务中的应用

农产品电商是指以计算机、电子商务技术、信息网络科学技术而形成的电子商务网络平台为基础而开展的农产品贸易活动，实现了网络信息交换、电子商务支付、物流配送。农产品电商打破了传统农产品营销受区域、市场等局限因素的影响，直接联通了农产品与市场。

在运用云计算技术构建农业电商模式时，要充分做到以下内容：一是要设置高质量的农业电子商务平台页面，以方便政府部门、公司内部和个人用户之间的相互操作；二是要对农产品市场做出细致的划分，并设计高质量的市场信息数据库，以方便市场信息的查询和访问；三是要进行全面可信的第三方交易保障，同时对新入驻的农产品公司和用户信息进行严格验证，对农产品的品牌、质量等实施严格监督，形成了完善的信息服务体系；四是要确保中国互联网信息系统的安全性，对隐私信息实行全面保密，同时也要对数据做好另外备份工作，避免因数据流失而导致的重大损失。

综上所述，云计算技术在现代农业中有着巨大的使用价值。所以，各地政府及农业部门必须积极推进云计算技术在现代农业中的合理运用，农产品公司和农户必须运用好依托云计算技术搭建的各种农产品网络平台，使其为当前农产品的发展起到关键作用。

第三节 5G 技术的应用与展望

5G 是继 4G、3G、2G 移动通信技术后的延续，它由国际电信联盟所确定。5G 的三大特性分别为：超高速率、超低时延、超大连接。在传输速率方面，5G 的传输速率的单位是 Gb/s，在 1～10Gb/s，是 4G 传输速率的 10～100 倍；在接入设备方面，5G 每平方千米能够接入 100 万个设备，是 4G 接入设备的 5～10 倍；在时延方面，5G 的空口时延为 1ms，是 4G 空口时延的 1/5。4G 主要服务于人对信息的需要，而 5G 在实现了人与人间联系的基础上，还拓展了人与物、物与物之间联系，实现了万物互联。5G 是在各个方面对 4G 的延伸和超越，5G 站到了真正意义上融合性网络的高度。此外，5G 技术开启了从消费向生产全面渗透的进程，并将成为社会信息流动的主干道、这有助于推动各行各业的升级与改革，为建设数字社会打下深厚的基础。

一、5G 的应用场景

1. 增强型移动宽带（eMBB）

增强型移动宽带的应用领域主要是在需要大流量数据传输的业务方面，包括虚拟现实系统、超高清视频等。增强型移动宽带主要解决当前移动互联网的流量迅猛增长这一现象，该现象的改进可以为 5G 用户带来更舒适、更优质的用户体验。由于增强型移动宽带在流量密度、移动性、连接数密度等方面相比 4G 都有了巨大的提升，故更多地应用于办公室、火车站、机场、体育场等人口非常密集的公共场所。

2. 高可靠低时延通信（uRLLC）

高可靠低时延通信主要针对一些对准确性和可靠性两点要求程度极高的行业，这些行业在现代社会上的重要性愈发突出。如远程医疗（手术）显然需要极低的网络延迟才能确保手术的顺利进行；自动驾驶也需要网络的低延时才能正确调整行驶路线；虚拟现实和线上社交显然也需要低延时才能提供良好的用户体验。例如，2019 年 3 月，一场为帕金森患者植入"脑起搏器"的手术在海南解放军总医院顺利完成，这是我国第一例基于 5G 技术的远程手术。该手术充分利用了高可靠低时延通信技术，使用 5G 网络在时延短、可靠性高的前提下，传送患者的实施高清视频，由身处海南的专家医师远程操控手术器械，总共历时 3 个小时，最终为远在北京的患者成功实施了手术。由此看出，高可靠低时延通信技术对缩减患者医疗救治成本、使更多患者享受到优质的医疗资源方面具有重大意义。

此外，为实现现代信息科技与传统教学应用的深层次结合，5G 技术还构建了智慧教育创新模式。其中的代表项目有全息应用、AR/VR 教学和远程教学等。以 AR/VR 技术为例，由于 AR/VR 可以对各种机器部件、环境地形做到虚拟仿真，故该技术一定程度上可以代替现实军事对抗、射击等项目训练，也能够进行如虚拟高尔夫、冲浪等体育竞技的培训。

3. 大连接物联网（mMTC）

通过大连接形成的更加广阔和开放的物联网相较于传统物联网的明显优势为：大连接物联网对更多数量、更大密度、更高规模的业务所能达到的承载能力更强。以大连接物联网所能连接的设备数方面为例，其连接设备的数量能够达到每平方千米 100 万个设备，相较于传统的物联网，这个数字已经不是一个数量级了。得益于此，5G 技术非常适合用于大范围的数据采集，因此非常适合在智慧农业领域进行应用。以青岛港为例，在当地的每一个自动岸桥吊车上安装数十个高清摄像头，摄像头所捕获的图像将通过 5G 传输至边缘平台进行处理，最终传入控制台。在传感和数据采集的过程中，对精确位置和即时传输的要求很高。而 5G 终端高至 100Mbps 的上行速率和低至 13ms 的网络时延恰恰能够达到该要求标准。该事例是全球港口中第一次应用大连接物联网技术以完成包括码头、运输车辆等阶段的全自动收箱作业，优化后的工作模型相较于传统工作流程，其工作效率达到了原先的130%。

二、5G在农业中的应用

5G网络为智慧农业提供了所需要的基础技术设施，更加便利了农民和农业企业的工作开展。并且，5G技术将与物联网技术相结合，从而实现对农业活动的跟踪、监测和分析等一系列操作。由于5G的传输速度相较于4G以几十至上百倍的程度大大增加，使得在智慧农业实现的整个过程中，各个方位、多个领域都有速度和质量的大幅度改进。5G技术在农业中的应用与实现主要体现在以下七个方面。

1. 智慧农机

智慧农机在4G时代就已经可以实现与物联网的连接和通信了，而5G时代最大的优点就是高效率、低延时。如农机的状态信息收集、故障定位、作业监控中心等都可以进行在线显示。监控中心可以即时了解农机故障产生的原因，并适时作出修复，同时还可以直接指挥多个农机协调作业。而低延时的优点是可以更准确进行路线决定，从而使播种或收割的效率大大提升，使作业更为精确。除智能农机外，农用机器人是农业机械的另一主要部分，大致上包括两种：一是步行机器人；二是机械手机器人。农业机器人的工作原理是以视觉辨识技术为基础，完成对植物的辨认、定位、播种、收获等一系列工作。5G技术的发展提高了机器人接收指令的效率，并拓展了具有高清晰度的图像和视频的实时传输，在此基础上进一步实现了机器人视觉辨识技术向前发展。同时由于5G技术相较4G技术可接入的设备数量成倍增多，使可接入的农业机器人的数量大大地增加，并可以远程控制多台机器人同时开展工作，大大提高了作业效能。

2. 智慧农场

由于5G网络具有高效率和强大连接能力这两个基本特性，故可以利用该特性以实现规模化的农业机器人服务，该服务可以很大程度地惠利农民群众。该技术通过使用环境传感器、播种机、无人机等设施对环境进行监控并发送实时数据，以实现智能施肥、精耕细作、精准浇水的目的。

3. 智慧林业

5G智慧林业是指利用5G技术中的实时网络视频、无人机等技术与设备，对森林进行监测巡检，以获得森林资源、森林病虫害、野生动植物、森林防火等重要的森林信息，这些森林信息对于生态环境保护、旅游业发展和森林工作人员的生命保障和救援工作都有着重大的意义。

4. 智慧畜牧

5G智慧畜牧的主要目的是使畜牧养殖生产效率进一步提高，缩减农牧民养殖成本，防止出现大规模牲畜疫情,防范出现牲畜丢失的情况以及保护畜牧生态,维持畜牧多样性。以四川省阿坝州利用5G无人机技术以实现智慧畜牧为例,当地中外技术人员给牛脖子戴上5G终端,运用物联网技术的手段对大规模牦牛进行科学高效的管理,改变了当地牧民的放牧思维,使高原牧民的放牧工作更加便捷、迅速、高效。

5. 5G智能装备

5G智能装备是指在整地、种植、田间管理、收割过程中利用具有低延迟网络的5G农业机器人,如无人插秧机、拖拉机、收割机均配备了智能系统,可以将其升级为全自动驾驶系统。在此基础上结合5G先进技术,如雷达传感器技术、北斗组合导航技术、电液控制技术等,使得农业机械可以根据技术人员规定的路线和步骤,高精度地自主完成农业作业。

该方法对于传统农业机械在作业中的各项缺点进行了优化,具有以下优势:首先,农业机械作业大大提高了作业交接的精确性,故而土地利用率也会随之提高,提高率在3%～5%。其次,引进5G智能装备后,相较于传统农业作业,农机作业效率大大提高,破除了夜间作业的障碍,实现了全天候不间断作业。再次,5G智能装备还能够降低对驾驶员操作技术的要求,从而对高水平驾驶员的需求降低,所需支付的佣金也将下降,驾驶员只需掌握驾驶农机的基本技术即可完成超高精度的农业作业。最后,5G智能装备还可以大幅度降低驾驶员劳动强度,由智能技术完成瞄准和持续修正线路的工作,会大大降低驾驶员的劳动强度。

无人机上可以携带很多传感器,如多光谱相机、红外传感器、激光雷达等,这些先进的设备能实时拍摄和传递各个波段的影像。如实时监控作物生长,发现害虫、杂草以及病害;实时进行田间测绘;观察农机工作状态;统计作物株数,计算株距和垄间距。近红外镜头用来测量土质和含水量、作物健康分析、灌溉管理和土壤侵蚀分析;最先进的红外镜头可以精确分析病虫害情况;热红外镜头可以进行作物生理状况监测、成熟度分析以及产量预测。

6. 远程农业直播

目前,我国农村旅游项目正在不断扩展,城乡居民去农村旅游热情颇高,每到假期,旅游景点通常人来人往。为助力农村观光旅游,将5G技术与4K、8K等视频直播技术相互融合,使得游客可以在手机客户端上远程欣赏乡村项目实景,更加便捷地体验独特的当地农村风俗和美好乡村生活,并且能让旅游者及时知道附近景点的特色,并提早计划好出行。同时,技术人员可以通过手机客户端即时换取观察区域的客流量,一旦客流量超过规定数量就采取限流举措。并且,通过5G在线直播技术可以实现大规模人群的实时网络学习,对于农技宣传、农产品技术培训、农业知识科普教育等方面有着非常广泛的应用价值。同时运用VR、AR等技术设备,异地的农业专家也能够完成远程的科技引导与科技指挥。在5G技术大宽带的优势下,还能够实现电商的在线直播、认养农业。

7. 数字乡村

由于高效率、低延迟的移动特点，5G 网络对整个村庄的视频信号都能够做到即时回传，并借助远距离高清监控装置实现了对农村重要地区的精确控制，有效防范各种自然灾害。2021 年，云南省祥云县实施了 21 个"5G 数字乡村"示范村（行政村）建设，项目计划投资 1 551.5 万元。目前，已建成 12 个示范村，其余 9 个行政村将于今年内持续做好跟进提升，力争上半年实现 21 个村全面达标。示范村建设投资主要聚焦于 5G 网络建设、家庭宽带网络建设、示范村安防设备投入、示范村展示设备及软件投入四个方面。21 个示范村家庭高清安防设备共计发展约 1 200 台，投入约 41.8 万元；后续对于每个示范村计划投入 15 000 元用于配置数字电视大屏、"数字化"管理平台、示范村形象宣传包装等。

第四节　农业区块链技术应用及展望

在广义上，区块链就是一种分散存储并能保证数据不被篡改的数据库。区块链具有的特征和优点非常鲜明，包括去中心化、数据分布式存储、开放数据等，任何人都可以访问、信息经过验证后不可篡改以保证其具有高度的可靠性等。

在当今社会经济飞速前进和人民群众对生活质量的要求日益提高的情况下，农产品的安全问题不再是一个小问题，而是全社会人民共同关注的民生大问题。由于当前农业技术的持续发展，以农产品的产量为发展瓶颈的阶段已然过去，当前的农业发展更加注重农产品是否能够跨过安全可靠的质量关卡。简单来说，当今的农产品购买者更期待买到安全可靠、质量过关的农产品，同样，农产品生产者也希望把购买渠道作为能够证明自己产出的农产品的合格可靠性的一种方法以获得更多消费者的青睐。但是由于现代的农产品质量受到多方因素影响，如在生产阶段、加工阶段和物流阶段都可能对农产品的安全性和合格性造成波动，故而农产品溯源体系是可靠可信地保证农业农产品质量水平的高效方法。

尽管区块链技术和农业领域技术的融合时间较晚，交叉领域的应用研究起步较迟，但是这无疑是一个非常有前景的研究方向，并且当前也已经有了一些成果，区块链与农业领域相结合的相关研究项目已经发展为最近农业信息化的热点项目。近些年，与区块链有关的专利申请数目飞速增长，已经有诸多学者利用专利和文献对区块链的技术热点开展了研究。

总的来说，目前主要的研究大多数是以区块链技术发展脉络、专利权人技术竞争实力、技术热点与趋势等角度入手，再进行深层次的梳理、评价与论述，通过这些研究可以在一定程度上获知区块链技术的发展情况，但是，当前对区块链技术在农业领域的应用案例还较少，区块链技术对农业领域的作用还缺少数据支撑。本小节将通过专利计量和科学知识图谱的研究方式，分析论述对象为与区块链相关的专利技术，把关注要点放在描述区块链技术在农业应用技术发展方面的现状、研究热点及不足，并展望区块链农业应用技术未来发展趋势。

一、区块链农业应用技术发展概况

1. 国外区块链农业应用现状

（1）美国

在美国，由农业部、卫生和公共事业部以及环境保护署共同完成共同承担食品质量安全的监督与管理的重任。这几个部门负责的内容也各不相同，各自分别为农产品、葡萄酒及相关产品和居民饮用水相关部分。从2004年开始，美国政府引入了NAIS（国家动物标识系统），对国内养殖的畜禽进行唯一标识或群体转移标识，其主要目的是进一步寻找其标记样本的出生所在地和移动信息，能够向消费者保证，一旦发现食品健康安全或疫病等情况时，能够通过NAIS在两天内找到每一个与其有直接接触经历的公司。

（2）欧盟

与美国不同的是，欧盟用于管理食品安全的机构并不是原有机构，而是为其专门成立的。这个机构是欧洲食品安全局，该机构的主要职责是提出并指定管理食品安全的政策，一旦政策通过被执行，则欧盟的所有成员国都必须遵守相应的规定。在欧盟，一些售卖价格较低、采用混合包装方法的销售品对追溯的要求较低，通常只需要得到它的生产批次即可。在欧盟，牛的生产、流通和销售是其可追溯系统的主要实施领域。因为牛肉属于更具有价值的销售品，并且对于每头牛进行个体标记的操作相对也更加容易实现。牛肉在生产和包装上所具有的特点导致其基本部位产品通过追溯系统实现个体追溯并不困难，因此这也在客观上促进了欧盟实行更加准确、全面、完善的追溯制度。并且，在成员国执行追溯制度方面，欧盟做出了强制性的要求，尤其是要做到可追溯肉制品的开发、流通和销售等环节。具体地讲，从2002年开始，欧盟就要求联盟内部向外销售的所有牲畜产品都要配备一个具有追溯功能的标记，通过这个标记可以查询到生产地是否是欧盟成员国、牲畜的出生地、育肥地、屠宰地和屠宰厂标识、分割包装地、分割厂的授权批准号以及相关联的其他牲畜引用的数字标记等详细信息。

（3）澳大利亚

在澳大利亚，有超过3/5本土产出的畜牧肉制品都用于销往海外，其中主要的肉制品出口地区为欧盟，产品年销量超过了5 000万澳元。澳洲的畜牧产品销往欧盟，必须通过NLIS的检验。NLIS是澳大利亚的国家牲畜鉴定系统，其主要作用是对国内的牲畜进行类似身份证的标记，从牲畜的出生、喂养、转移到最终屠宰的一系列过程都会被追踪记录。NLIS识别牲畜个体的方法是通过牲畜身上特定的生物标记物来实现的，如瘤胃标识球。当牲畜发生迁移时，从出生地、放牧地、屠宰工厂及销售工厂都可以通过特定的装置对牲畜进行地理位置跟踪，并将变化保存在NLIS数据库中。NLIS最显著的一大优势为：它可以将与牲畜繁殖有关的生物分泌物与牲畜个体信息联系起来，有助于培育出具有更高食用价值的牲畜个体。

（4）日本

在日本，相关法律规定，牛肉产品从农场到销售点必须满足追溯系统的要求。即任意牛肉制品的包装盒上都标记有唯一对应的牛身份号码,通过互联网对该号码进行查询,就可以得到该牛肉产品的原始生产数据。同时,该法制定时还考虑到了畜牧疫病的情况,故要求每头牲畜在被屠宰加工成肉制品时需保存其DNA样本以供出现问题后进行追溯。

2. 国内区块链农业应用存在的问题

(1) 推广起步晚、影响范围较小

我国开始对溯源系统进行研究的时间点是2002年,此时,欧盟、美国、澳洲等发达国家和地区早已制定好完善、精准、全面、统一的溯源法规,建立起合理高效的溯源系统并投入使用。目前来看,我国关于农产品,如牛羊肉制品的溯源法规还不完善,溯源系统的建立也处于尝试阶段,且由于我国地域辽阔,各地的溯源系统起步时间和系统体制之间也相差较大。总体来说,农产品溯源系统在我国的发展具有两大特点:一个是普及度较低,另一个是影响范围较小。

(2) 农产品溯源系统平台不统一

目前,国内比较有影响力的农产品溯源平台主要有如下五个:上海的关于食用农副产品质量安全的信息查询系统、北京市区农业农村局食用食品(蔬菜)质量安全追溯、中国肉牛全程质量安全追溯管理系统、世纪三农"食品安全溯源管理系统"、国家蔬菜质量安全追溯体系[9]。

这五个农产品溯源系统平台从存储、查询、识别、所针对的农产品对象等方面都不尽相同,并且因为这五个溯源系统平台的开发商都各不相同,故各平台之间也不能共享使用其他平台的系统软件和存储的溯源信息,无法进行跨系统跨平台查询信息。目前最常见的查询终端是各销售点的触摸屏,这种设备功能较少,模式单一且操作所需的时间较长。农产品溯源系统平台没有一个全国通用的规则标准是向全国推广该系统遇到的阻碍之一。而在国外发达国家和地区已经拥有了一套完整的、准确的记录、查询、标识、责任管理机制。

(3) 农产品溯源相关法规及制度不完善

随着我国经济的飞速发展和人民对于高质量生活的要求,食品质量安全的重要性一再提高,已经升至国家安全的高度。这种重要性的升级也体现在了与食品质量安全相关的法律法规实现了进一步的完善和发展。但对于农产品溯源系统来说,除《中华人民共和国食品安全法》等少数法律条款对其做出了说明外,没有其他明确的法规对农产品溯源的各层次、各环节的具体操作做出保障。故相关法规和制度的不完善也是国内农产品溯源难以实现的重要原因之一。以我国的召回制度为例,尽管在食品生产环节制定了具体实施方法,但在流通环节的制度仍是一片空白。

(4) 消费者缺乏对农产品溯源的监督平台

农产品溯源是一个惠利国民生计的工程,同时该工程也必须受到广大消费者的监督。尽管消费者拥有查询溯源和反映情况的权力,但是目前监管部门对于消费者所反映情况的处理过程并没有公开、透明、有效地呈递给消费者。这会削弱消费者对溯源系统的信任度,降低群众监督的热情,最终导致溯源系统无法收到来自消费者真实的反映。

3. 发展趋势预测

（1）适用范围逐步扩大

人们对食品的质量安全越来越重视。溯源系统能记录农产品的产地、经销商等信息，能让人们对农产品更加放心，溯源系统未来肯定会进一步推广。

（2）多种功能的融合

溯源系统会实现多种功能的融合。溯源系统不仅能实现农产品各种信息的溯源查询，还能提供农产品的检测、认证信息，并和大数据平台融合，并且可以将食品防伪、广告促销等功能融入其中。这样溯源系统功能更加多元化。

（3）信息公开透明化

溯源系统未来趋势一定会是信息全面公开透明化，成为一个行业内共用的平台。

（4）加强溯源安全保障，提升整体社会诚信体系的建立和完善

区块链以去中心化为理念的核心思想，保证数据在交易中对于任意一方都能表现出公开透明的特点，这是区块链最具有吸引力的地方。公开透明是指区块链中的数据不可随意篡改并且其上的任何操作都有真实明确的时间戳记录，这使得到一条完整、流畅、透明、真实的信息流链条能够被实现，该信息流链条使得农产品追溯变得更加可信。

信任的创造是区块链最关键的作用。它可以通过付出极小的设备代价来建立相当程度上的复杂信任关系，平衡了创造信任和缩减开销两方面的关系，具有预防篡改和伪造的优点，解决了可靠传递难题。通过区块链，可以构建一个开放、透明、共享、可信、可追溯来源、可核查的系统，使信息流链条在各个环节上都有可靠保障。

4. 技术现状与发展

从表4-2中看出，目前不管是以linfinity、溯源链、唯链为主的公有链还是以百度、京东为主的联盟链都存在上链信息的真实、可靠性无法保证的缺点，因此如何在基于区块链的基础上，确保数据真实、可靠，成为区块链溯源必须解决的问题，而整个农业全流程上链，并基于大数据分析，实现上链后的数据对比、多方验证、反欺诈分析成为区块链溯源提升数据公信力的一种解决方式，也是我们提升区块链溯源安全、可靠、可信的研发方向。

表4-2 农业区块链场景案例

项目	应用场景	类型	亮点	挑战
Linfinity	物联网	公有链	落地计划翔实，业务线全面；代币分配合理，参与者可以得到很好的激励；电子存证平台与国际认证的第三方电子认证机构的对接	上链信息的真实性无法保障；密码学等技术仍然存在难点
溯源链	版权保护产品防伪	公有链	自主建设供应链系统平台，与落地场景结合紧密；拥有开放的共赢生态，对开发者与消费者有很好的激励；创始团队拥有丰富的溯源行业经验	无法解决数据源头造假问题；条形码等商品标签的一一对应与防伪问题还无法得到保障

续表

项目	应用场景	类型	亮点	挑战
唯链	物联网	公有链	发展规划完备，114页的报告详细地介绍了唯链整个商务与技术框架，内容详细；落地场景众多，包括时尚奢侈品、食品安全、汽车企业、供应链与农业等多个行业，且部分场景已经落地	无法解决数据源头造假问题；物联网技术与基础设备仍需进一步开发，信息查询等功能还有待完善
百度图腾	图片版权	联盟链	百度技术团队提供强大的技术支撑，可以快速与产业结合；行业经验丰富，资金雄厚；有数家图片平台合作入驻，落地前景较好	核心团队成员未公开；没有生态构建的相关描述
京东	商品防伪溯源	联盟链	拥有切实的落地场景，尤其是其供应链与销售体系；拥有物流、供应链、电商销售等领域的丰富管理经验；技术团队提供强大的技术支撑，可以快速与产业结合	上链信息的真实性无法保障；RFID、二维码等技术仍有被复制造价的可能；物联网技术与基础设备仍需进一步开发

第五节 精准农业

20世纪80年代中期，精准农业开始发展，精准农业可降低种植作物所需的传统投入成本（土地、水、肥料、除草剂和杀虫剂），同时寻求使用新技术来提高作物利润和产量。换言之，使用精准农业的农民正在用更少的资源来种植更多的作物。如拖拉机上的全球定位系统装置使农民能够以更有效的方式种植作物，并以更高的精度从a点到b点，节省时间和燃料。农田可以用激光平整，这意味着水可以更有效地利用，农业废水流入当地的小溪和河流更少。其结果对农民来说是一个福音，并且在使农业更可持续和增加粮食供应方面拥有巨大的潜力。精准农业将是农业史上的一项重大创新。精准农业是当今世界农业发展的新趋势，以传感器和信息为基础，先进的监测技术，完整、准确、及时地了解详细的土地和农作物数据，结合准确而耗时的统计分析，及时快速地做出农业管理系统的决策。精准农业是当今农业最具吸引力的研究方向之一，反映了21世纪全球农业发展的方向，对中国农业生产影响深远。

一、什么是精准农业

精准农业是在信息技术的支持下，在固定地点、固定时间、数量上根据空间变化实施一套技术和现代农场管理的系统。其根本意义是根据作物的土壤性质调整作物的投入，即一方面了解田间土壤性质和生产力的空间变化，另一方面确定产量、生产目标，进行"系统诊断、配方优化、技术装配、科学试点"。调动土壤生产力，以最少或最经济的投入获得相同或更高的产量，改善环境，有效利用各种农业资源，获得经济和环境效益。

GPS是精准农业的重要基础，主要用于采集田间数据，实时快速、准确定位田间作业。它通过定位农场信息、指导农机行走和工作、不定期监测和定位环境，为集约化行业的专家系统提供有用的空间信息,在精准农业中发挥着重要作用。借助 GIS,可以随时快速调出土壤和空气等农业状况,采取适当措施,有针对性地操作精准的农业机械。

事实上,精准农业使农民能够在更少的土地上种植更多的粮食。鉴于消费者关心的是,在所有条件都相同的情况下,应该将食品成本保持在合理的水平。作为农民和环境来说,精准农业的多重好处从"精确"这个词中可以看出来更精确地使用水、化学品和化肥等资源可以减少浪费,从而增加利润。同样的精确度有助于减少破坏性的环境影响。事实上,精准农业现在已经成为未来环境可持续性基础的重要组成部分。

二、精准农业在中国的应用研究进展

中国农业历史悠久,先后经历了原始农业、传统农业和石油农业三个阶段。中国农业近年来吸取了"石油农业"的教训,正在向知识密集型的现代农业发展。"有机农业""连续生产的精准农业"等替代形式层出不穷。精准农业的出现也为现代农业的发展指明了方向。目前,我国北京、上海等地已经开展了精准农业的研究和应用。但总的来说,我国精准农业的研究和应用还处于起步阶段。

三、精准农业在中国农业生产中的作用

中国是一个农业大国,自然条件复杂,自然灾害频发。中国农业生产技术仍处于相对传统和经验化的阶段,与发达国家相比处于较低水平。由于农业分布范围广、资源浪费和生产低效,土地资源和其他自然资源没有得到充分利用。投资存在成本高、破坏生态环境等问题。因此,"精准农业"技术的引进和应用,将为我国农业发展开辟新机遇,对我国现代农业的推广、应用和发展发挥重要作用。与传统农业相比,精准农业最大的特点之一就是通过高科技的投入和管理,最大限度地节约资源,实现农业科学化、标准化、定量化、高效化。

四、如何加快精准农业的发展

1. 加速提升农业科技水平

总体而言,中国农业的科技水平还处于较低水平,与世界发达国家还有很大差距。例如,传统的灌溉和施肥技术以及农药和除草剂的大量使用,不仅增加和浪费生产成本和资金,而且直接危及人畜健康、农产品安全,污染环境和水质。因此,要根据植物生长、田间杂草和病虫害传播的需要,利用生根能力,实现精准喷灌、施肥、定点喷施,降低成本,降低污染。自动控制机器和技术,如除草用的喷雾器,要求就比较高。通过精确控制,计算机视觉技术可用于识别杂草,然后控制喷洒的地点和数量。精准农业是以高新技术为驱动的农业科技创新技术体系,对推动我国农业现代化进程具有重要意义。

2. 进一步提升农产品竞争力，实现高效农业

精准农业是质量效益型农业，以高质量、高效率为目标，以最少的投入追求卓越、优质、高产、高效。我国化肥的使用率相当低，只有30%~40%，使用氨、磷、钾肥。氮肥配比不当，中微量元素短缺未及时解决，氮肥流失率达70%或80%，浪费十分严重，肥料的增产效益未得到及时解决。养分管理和施肥技术的研究基础更加薄弱。精准农业的实施可以基于田间特定地块的作物。投资于不同管理层次（变量播种、施肥、喷洒等）的生长潜力，提高肥料和农药的有效利用，降低农业成本和植物中有毒物质的残留量，从而提高作物产量和质量，提高农产品竞争力，实现高效农业。

3. 有效保护环境，实现农业可持续发展

从我国近几十年的农业发展来看，环境保护与农业发展之间的矛盾日益突出。目前，我国农村广泛使用化肥、农药、除草剂、农膜等，造成了严重的面源污染，例如化学氮超标，不仅是大气污染的源头，而且还渗入农田，造成水体磷超标，导致水体富营养化。实施精准农业有助于减少农药溢出造成的污染。预防环境污染是维持可持续农业的重要途径。

4. 促进农民生产观念转变、生产技术和素质的提高

精准农业将改变农业劳动力的就业结构，从事集约化农业生产，从根本上改变农民的知识结构。几千年来，中国农民经历了小块土地的密集劳作。"传统集约化耕作"技术通过生产投入的积累和丰富的生产管理经验形成，即使在一小块农田上也能获得良好的经济效益，但缺乏现代科学方法和现代定量研究技术作为支撑手段，难以形成规模化生产力。现代农业技术和电子信息技术的发展决定了这些影响植物生长和最终收获的因素的空间差异信息，以知识和实践为导向的方式获得和实施。科学技术的分布式调控、平衡利用该领域的资源潜力和尽可能高的经济性，产量必定会提高。精准农业技术可以大大提高农田的生产潜力，节约良种、化肥和农药，取得良好的经济效益。

促进研究开发高新技术在农业领域的应用、精准农业的关键技术是采集作物产量在小区内的分布，生成小区产量。根据条件的不同，对小区地块产量分布图进行分析，确定需要特殊处理的区域。分析形成决策方案，根据智能算法进行辅助决策，生成控制指令，更换最佳工作的机器，调节和控制机械。农业机械的精确定位和可变作业需要空间信息技术的支持，空间信息技术随着GPS、GIS、RS等传感控制技术的发展，使设计动态调整的作业区域和可变作业任务成为可能。诸如装有谷物产量传感器的联合收割机可以用GIS绘制产量分布图，测量谷物产量。传感器联合收割机可以绘制小区产量分布图，反映小区地块。自动监控除草的喷雾机械可以利用计算机视觉技术识别杂草，控制喷洒的位置和用量。

第六节　农业大数据

一、为什么农业需要大数据

人类不断增长的人口无时无刻不在消耗着地球给予我们的资源，但不可否认的是仍然还有不少的人处在饥饿中。虽然人类健康状况普遍改善，但目前的食物体系正面临着许多挑战，包括营养不良、微量营养素营养不良和肥胖率上升。

全球粮食系统收集的数据量巨大，联合国可持续发展目标鼓励分享农业方面的信息和数据。尽管呼吁采取行动，但从农民到政府的许多利益攸关方缺乏可操作的数据驱动的见解，也不清楚如何将数据转化为行动。农业和粮食系统之间的联系仍然存在许多知识空白，特别是贯穿价值链的复杂系统问题。开始缩小这些差距的数据力量在很大程度上仍未得到利用。数据农业生态体系指出，在农业中使用大数据可以帮助农民摆脱贫困，并确保农业生产行业可以提供营养丰富、多样化的食物。为了建立一个全球数据生态系统，并就农业如何改善营养提供强有力的见解和建议，相关组织和管理部门要对大数据对人民大众的惠及度做出保证，使所有人都能享受到大数据带来的便利。

二、大数据在农业和营养学中是什么样的

大数据到底是什么，它的定义是怎样的？一种普遍被大众所接受的定义为：高速（Velocity）涌现的大量（Volume）的多样化（Variety）的数据，即我们所熟知的大数据的3v特征。通俗来说，大数据，顾名思义就是指庞大的数据所形成的集体，也就是所谓的复杂的数据集，数据量庞大到人类无法用传统手段去分析、解决问题，只能依靠计算机去帮助我们解决这些棘手的业务难题。而大量体现在数据量上，21世纪的今天每分每秒都会有数以亿计的TB数据产生，可见其大数据之"大"；高速体现在接受以及处理数据的速度，因为在各种实际应用场景中，数据都是实时传输、实时处理、实时反馈的；多样化则体现在数据的类型众多，包括文本、音频以及视频等数据类型。

数据来源广泛，方式多样，这也是为什么大数据可以在食物系统中有如此多的应用。如前所述，要想让数据"大"，就必须有大量快速且形式多样的数据收集。虽然大数据可以来自工业、学术界和政府，但也可以来自农业设备、手机和社交媒体的用户。当人们使用一个应用程序时，他们输入的信息和使用该应用程序时的行为将成为大数据，供他人解释和使用。随着手机和智能手机数量的增加，产生的数据也越来越多。

农民面临的两大挑战是外部压力和缺乏安全所带来的风险。预警系统和保险可帮助农民克服这些风险，尤其是在气候变化的时代。大数据的使用使得通过使用多种数据类型的组合来建立比以往任何时候都更好的预警系统和保险计划成为可能。

通过卫星和研究数据，可以绘制粮食生长地图、预测粮食危害、发布粮食危机预

警。大数据还可以通过结合大数据类型来辅助保险理赔和获得信用。如总部位于印度的Satsure公司通过机器学习和大数据分析来分析卫星数据、市场数据和天气数据，以确保因气候冲击而遭受作物损失的印度农民能够快速获得赔偿。

三、大数据在农业和营养方面的挑战

为了使农业和营养领域的大数据能够帮助利益攸关方作出最佳决策，必须应对若干挑战。

1. 技术挑战

根据定义，"大数据"是非常大且复杂的数据，通常需要高端、广泛且昂贵的管理和分析技术。食物系统研究越来越跨学科，这使得数据管理比其他领域更具挑战性。每个学科都有不同的目标、数据格式、模式、词汇、标准和粒度。

2. 制度上的挑战

可以说，高数据质量取代了任何其他分析或整合问题，因为低质量数据的成本可能比完全没有数据的成本更高。高质量的数据对于建立数据共享的信任也至关重要。质量保证标准在农业和营养数据收集或管理中并不常见。对于几乎所有的利益相关者来说，机构数据管理都是事后的想法。它通常不会集成到研究设计中，也不会被收集起来用于共享或重用。也没有足够的资金用于保证质量、保障管理工作的可持续性。根据不同的研究项目，数据的数量、速度和多样性可能会给追溯数据管理带来困难。

3. 文化挑战

商业、科学和管理的标准操作程序是封闭数据，即不开放或不共享的数据。如果要以最佳方式使用大数据，组织需要共享或开放他们的数据。然而，这个过程可能需要他们改变他们的商业模式、他们雇用的人、他们的商业关系，以及他们的机构文化。这样的过程是缓慢的，可能会威胁到那些规避风险的组织，或者那些没有财力或人力进行变革的组织。大学里的研究人员特别反对开放和共享数据，因为他们害怕别人窃取他们的研究成果。然而，他们对重用他人发布的数据持开放态度。其他文化因素包括官僚主义和其他社会结构、规范和阻碍数据共享的结构。这些因素在不同国家或地区之间有很大差异。

4. 道德挑战

在处理农业和营养数据的法律框架中，通常缺乏数据所有权。更常见的情况是，数据归收集数据的个人或组织所有，因为他们对收集的数据拥有专有权，而不是数据中涉及的个人。这可能会导致隐私和安全问题，以及数字鸿沟的出现。大数据正在帮助强大的实体，而不是改善弱势群体的生活。没有中介，大多数小农户无法理解、解释和使用数据分析。随着智能手机、拖拉机上的全球定位系统、可穿戴技术或设备以及个人身份信息的增加，如何克服大数据对个人隐私的道德挑战就变得至关重要。

第七节　人工智能技术应用展望

人口的快速增长、气候变化和粮食安全导致了农业食物行业新技术的出现。智慧农业的使用场景包括室内场景和室外场景两部分。室内场景涉及环境，例如温室、作物床和水培。室外场景涉及对耕地环境和果园生长的监测。人工智能正在与物联网结合使用，以预测和优化智能农业领域的决策。

根据2020年以来发表在高影响力期刊中的文章，最近提出的智慧农业领域的基于人工智能的方法如下：①土壤管理；②灌溉管理；③天气预报；④植物生长和产量管理；⑤牲畜管理。

一、人工智能技术发展现状

1. 土壤管理

有几个参数可用于检查农业用地的质量。这些参数有助于估计所需的养分和水分，这对优质作物的生长至关重要。通常，实验室进行测试来确定营养物质含量[有机碳（SOC）、氮（N）等]，这既昂贵又耗时。人工智能和机器学习技术的使用为农民做出理性决策铺平了道路。陆地卫星5是一种分辨率为30米的数字高程模型以及气候图，被用于监测碳固存。科学家通过随机森林（RFs）、立体主义方法（Cu）、K最邻近分类法、极限梯度提升（XGBoost）和支持向量机（SVMs）算法来进行训练可以有效地推测出土地碳固存含量；通过卷积神经网络、门循环单元以及卷积神经网络和门循环单元的混合方法处理感知设备获取的数据，科学家得以辅助农民更好地理解土壤湿度含量；通过立体主义模型，其中包括外部参数正交化（EPO）-立体主义、分段直接标准化（PDS）-立体主义，以及正交信号校正（OSC）-立体主义，处理通过土壤可见和近红外反射光谱（VNIRS）获得的数据可进行土壤有机碳（SOC）预测，其中外部参数正交化立体主义方法表现优异；通过深度残差网络（ResNet）和双向长短期记忆（BiLSTM）的结合，科学家能够预测土壤含水量并帮助选择合适的作物以提高产量，该方法相比于全连接神经网络回归器表现更好。

此外，可见近红外反射光谱（VNIRS）等技术的使用有助于现场光谱分析，以对土壤参数进行离线和在线预测。简而言之，如果实时预测土壤参数，可能有助于灌溉调度和土地资源管理。智慧农业通过使用无线传感器网络、农业机器人和无人机来测量、监测和检测农业参数（如温度、湿度、产量和作物肥力），确保农业自动化。

2. 灌溉管理

最近，利用物联网在灌溉中使用人工智能使农民对灌溉管理有了一定的控制权。科学家使用人工神经网络、神经模糊子聚类（NF-SC）、神经模糊C均值聚类（NF-CMC）和最小二乘支持向量机（LS-SVM）根据水的温度和压力估计出水量，并通过K折交叉验证测试数据扫描模式用于评估模型，最终得到了可以接受的准确度；科学家还使用基尔霍夫变换定义了基于AI的优化控制滴灌系统，仿真结果显示了如何将拟线性问题转化为有效灌溉优化控制的线性问题；科学家们还开发了一个具有主成分分析（PCA）和最大信息系数（MIC）的时间卷积网络（TCN）来预测玉米作物所需的水分，使用了滴灌下两年的玉米数据集的蒸渗仪，使用长短期记忆（LSTM）网络和深度神经网络（DNN）的时间卷积网络（TCN）模型已用于验证结果，时间卷积网络的表现比长短期记忆（LSTM）网络和深度神经网络（DNN）的时间卷积网络（TCN）模型表现得更为优秀；对于葡萄种植，使用基于案例的推理（CBR）方法来自动化灌溉调度的手段也被实现，此外，科学家还开发了一种基于学习的适应方法来提高CBR的性能，所提出的CBR策略预测的水量偏差为5.42%～7.94%。

使用遥感方法来预测田地和农作物的需水量也得到了发展。然而，由于时空地图的分辨率不足，遥感技术在灌溉管理中的应用尚未得到广泛应用。

3. 天气预报

准确的天气预报是一项具有挑战性的任务，需要大量的历史数据来准确预测天气状况。通常，人工神经网络（ANN）和卷积神经网络（CNN）算法在天气预报中最有效。科学家开发了一种风驱动优化最小二乘支持向量机（WDO-LS-SVM）算法来预测天气，数据来自土壤湿度、温度、压力和湿度传感器，改进后的风驱动优化最小二乘支持向量机（WDO-LS-SVM）相比于传统的最小二乘支持向量机有一定幅度的提升；科学家们还提出了一种基于边缘的AI硬件，该硬件已针对低温预测进行设计和评估。使用长短期记忆深度学习（LSTM DL）模型用于估计低温，所提出的平台包括一个低功耗图形处理单元，它产生了长短期记忆（LSTM）的良好结果并且提供了小于1℃的偏差；提出了一种基于自适应网络的模糊推理系统（ANFIS），使用粒子群优化的自适应网络的模糊推理系统（PSO-ANFIS）、人工神经网络（ANN）和支持向量机（SVM）来预测每日降水量，其中对于预测每日降水量的模拟，使用的输入参数是最高–最低温度、湿度、风速和光照；人工神经网络（ANN）、K最邻近算法（KNN）、支持向量机（SVM）和相关向量机（RVM）也被科学家用于开发用于年度、季风和冬季天气预报的多模式集合（MME）。结果表明，与其他方法相比，基于K最邻近算法（KNN）和相关向量机（RVM）的多模式集合（MME）产生了更好的结果。

4. 植物生长和产量管理

先进的机器学习技术已被用于预测作物产量。科学家曾尝试将线性回归（LR）、最小绝对收缩和选择算子（LASSO）、光梯度增强机（LightGBM）、随机森林（RF）和极限梯度提升（XGBoost）算法用于改进玉米产量预测，其中极限梯度提升（XGBoost）算法表现最好；使用多元普通最小二乘法（OLS）、随机森林（RF）和长短期记忆神经网络（LSTM NN）进行大豆产量预测的方法也被开发出来，但是需要作物田地边界和作物特定层作为数据信息。

人工智能在农作物的监测和实时病害预测中的应用,大大减少了各种形式的损失。尽管通过单一机制应对所有作物病害存在巨大挑战,但卷积神经网络(CNN)算法在使用图像数据集进行特定作物病害检测方面表现良好,科学家声称多上下文融合网络(MCFN)算法对77种不同的作物病害产生97.5%的准确率,深度残差网络(ResNet)、Alex卷积神经网络(Alexnet)和农业物联网(IoAT)对38种不同疾病的准确率分别为94.9%、90.6%和99.2%。

5. 畜牧管理

人工智能已成功应用于牲畜健康监测、自动化挤奶、精准畜牧业、异常检测、食品供应链、饲料质量监测和控制。基于人工智能的计算机视觉系统有助于实时监控动物和操作。物联网、边缘计算和深度学习,尤其是平台即服务(PaaS)也被应用于智慧农业,用于实时监控奶牛状况和喂食谷物,通过在边缘网络采用深度学习算法,向云端传输的数据减少了高达46.72%。开发了基于物联网的奶牛健康监测系统,该系统使用应用于传感器数据的C4.5决策树算法,在疾病检测方面的准确率达到90%。通过将奶牛的体温、相对湿度、心率和反刍率作为预测过程中的参数,使用随机森林(RF)预测产奶量能够达到76%的准确率。

二、农业人工智能技术的发展展望

各种技术,例如物联网和机器人技术(无人机和农业机器人)、无线和蜂窝通信(5G及以上)等各种技术使智能农业成为现实。5G及以后的人工智能需要特定领域的无线通信知识以及特定的硬件。深度学习(DL)和机器学习(ML)广泛用于大规模多输入多输出和波束成形,以支持5G及以后的通信。深度学习(DL)、机器学习(ML)和卷积神经网络(CNN)用于信道编码,以有效利用空中接口进行5G通信。对于5G切片(帮助运营商在单一基础设施上提供不同服务),使用基于长短期记忆(LSTM)的方法来预测未来所需的资源。对于智能农业中的机器人技术,人工智能用于各种任务,例如机器人的控制、路径规划、任务执行和目标检测。人工智能技术特别用于机器人视觉,以有效地实现自动化智能农业应用。

同时还有一些探索在物联网网络边缘使用人工智能的方法,初步结果显示很有希望。

第五章　山东省青岛市城阳区智慧农业发展实践

山东省青岛市城阳区地处东经 120°7′～120°34′、北纬 36°11′～36°24′，地处胶东半岛，是青岛主城区之一。城区下辖 8 个街道、53 个城市社区，228 个农村社区，总面积 583.68km²。根据第七次人口普查，全区常住人口 110.9 万人，人口城镇化率 95.7%。2020 年，全区居民人均可支配收入 57 623 元，高于全市 10 467 元，区域综合竞争力保持全省区县前列。

第一节　城阳区农业发展基础

城阳全区土地总面积 5.53 万 hm²，其中宜耕地 1.66 万 hm²，宜耕荒地 0.02 万 hm²，分别占土地总面积的 30%、0.4%。近年来，城阳区农业产业规模化、特色化建设不断加快，农产品品牌价值持续升高，农业发展取得了系列成果[10]。

为全面了解城阳区农业发展现状，深入分析三农工作的优势、短板和潜力，总结全区农业的发展经验，探索现代农业的快速健康发展路径，由城阳区农业农村局组织，对区域内的农业示范园区、重点项目、涉农企业及代表性农村合作社进行了全面深入调研，详情如下。

一、农业生产基础

2020 年城阳区农业、林业、畜牧业、水产业产值增加了 18.24 亿元，占比全区生产总值 1.5%。2020 年一整年农业、林业、畜牧业、水产业的产量各自达到了：粮食 5 100t、水果 6 926t、蔬菜 38 100t、禽蛋 4 554t、肉类 2 471t、奶类 8 196t、水产品 23.64 万 t[11]。

《2020 青岛城阳统计年鉴》显示，城阳区实有耕地面积 6 668.79hm²，是青岛主城区中唯一一个拥有耕地的区域（表 5-1）。现有耕地主要分布于上马、棘洪滩和河套三个街道，耕地面积合计约 4 100hm²，其他街道耕地面积合计约 2 500hm²[12]。

表 5-1　青岛市城阳区各街道耕地面积

街道	2020 年末实有耕地面积（hm²）
城阳街道	546.89
流亭街道	311.08

续表

街道	2020年末实有耕地面积（hm²）
夏庄街道	632.32
惜福镇街道	277.76
棘洪滩街道	1 296.61
上马街道	1 748.79
河套街道	1 131.81
红岛街道	723.53
合计	6 668.79

数据来源：2020青岛城阳统计年鉴。

城阳区全域种植农作物主要有樱桃、红杏、蜜桃、葡萄等水果及大棚草莓、蔬菜等，此外还有少量土地种植以玉米、小麦、水稻为主的粮食作物。其中粮食作物的种植主要集中于上马街道、河套街道和棘洪滩街道；樱桃、红杏、蜜桃、葡萄等林果作物主要集中于惜福镇街道和夏庄街道；大棚果蔬种植多分布于惜福镇街道、夏庄街道、上马街道、棘洪滩街道（表5-2）。

表5-2 青岛市城阳区主要种植农作物分布

主要种植作物	分布区域
小麦	上马街道、河套街道、棘洪滩街道
玉米	上马街道、河套街道、棘洪滩街道
水稻	上马街道
大棚果蔬	河套街道、棘洪滩街道、夏庄街道
樱桃	夏庄街道
红杏	夏庄街道
蜜桃	夏庄街道
葡萄	惜福镇街道

数据来源：2020青岛城阳统计年鉴。

城阳区全域农业机械主要为农用拖拉机、翻耕机、收割机等，以果蔬种植为主的设施农业农机使用基本普及，玉米、小麦等粮食作物及林果类作物种植农机使用率整体不足10%，农业机械化、自动化普及率较低。有两方面主要原因：一是玉米、小麦等粮食作物种植区，总体种植规模较小，多呈现为点状分布，不连片，地块面积小，进行农业机械化应用的价值有限；二是樱桃、杏、蜜桃、葡萄等林果类作物种植区多为丘陵山地，农业机械无法进入，各种植片区面积小，且较为分散，无法实现成片化的集中作业，因此区内水果种植全程基本以人工为主。

二、农业科技创新基础

"十三五"期间,城阳区农业科技创新取得了系列成果,农业科技研发、农业自主研发、农业科技成果、农业对外合作等均取得较大进展。

一是农业科技研发硕果累累。2016年以来,城阳区农业科技成果获市以上科学技术奖项目合计达到64项,其中国家级科技奖3项、省级30项、市级31项;获得市级以上农业科技项目立项8项。"智能基因组育种平台"于2019年在城阳区青岛国际农业生命智慧谷成立。该平台是国内首个智能基因组育种平台。平台已申请国家专利86项,拥有植物新品种权10余项,是青岛市科普教育基地和城阳区创新创业实践基地。

二是农业自主创新屡创新高。袁隆平院士与其海水稻团队研发的耐盐碱水稻育种技术、盐碱地改良技术及智慧农业技术多次获得科技奖励。青岛九天智慧农业集团有限公司建立了耐盐碱水稻种质资源库,资源库在现有稻种基础上不断更新耐盐碱水稻新种质,通过杂交、分子育种、高能重离子束辐射诱变、航空育种等新型育种技术,逐步形成了水稻育种与种质优势,并牵头与18家科研机构成立国家耐盐碱水稻区试联合体,目前联合体已在全国30余个地区完成了耐盐碱水稻种植试验。此外,截至2021年,联合体申报的耐盐水稻品种有8种,已通过国家水稻品种审定专家委员会初审。盐碱地"四维改良法"等四项国际领先农业创新成果通过了国家权威机构的认定。华为智慧农业全球联合创新中心落户,以"九天芯"为核心的智慧农业高端智能装备产业体系及智慧农业服务平台系列产品完成研发、部署在农业农村部信息中心的"后土云"平台完成上线测试并运行。

三是科技成果产业化初见成效。城阳区积极探索"政产学研推"合作模式,充分发挥本地科研院所优势,加强智慧农业关键核心技术攻关,解决"卡脖子"问题,建立了乡村振兴"城阳智库"。区内龙头企业青岛九天智慧农业集团有限公司与华为公司合作研发建设的"农业沃土云平台"已经开始试运营,通过"华为物联网模组",完成检测数据从采集、存储到分析、应用的全流程数据处理,为全世界农业领域用户提供农业物联网系统解决方案。"后土云"平台已实现上线应用,并开展智慧农业场景技术输出服务,产生了较好的增值效益。上马基地开展大田5G技术试点,实现了田间作物长势4K图像传输、无人机田块遥感测绘等智慧农业场景应用。在我国陕西延安、新疆喀什、新疆阿克陶、黑龙江大庆、浙江温州、山东东营以及阿联酋迪拜等地大面积推广盐碱地"四维改良法"技术及运营模式,结合当地地域特点,在特征区域建设碱地稻作改良示范平台,完成技术推广,目前种植的10万亩耐盐碱水稻平均亩产超400kg。

四是农业对外合作格局已经形成。依托袁隆平海水稻团队、青岛九天智慧农业集团,城阳区对外输出的耐盐碱水稻品种及海水稻品种在阿联酋迪拜沙漠试种成功,亩产超过500kg。阿联酋酋长将收获的稻米加工制成精美纪念品,作为"国礼"馈赠外宾,成为中阿两国农业科技合作的丰硕成果和友谊象征。与印度尼西亚三务集团签订稻作改良合作协议,建设了三个示范基地,盐碱地改良和海水稻种植在"一带一路"沿线国家、东盟国家实现新突破。

三、农业从业者与经营主体

1. 农业从业者

城阳区内现有农业从业人员主要包括农业科技人才、农业综合技术人才和农业劳动力。当前农业科技人才高地基本成型,但是仍面临农业综合技术人才匮乏、农业劳动力老龄化及兼业化等系列问题。

一是农业科技人才高地基本成型。聚集了一批站在智慧农业科技前沿、具有国际视野的杰出人才。引进智慧农业方面的博士、硕士人才30余人,引进农业相关博士及以上学历的创业类人才70余人,其中有"享受国务院政府特殊津贴专家""有突出贡献的中青年专家""青岛市创新创业领军人才"等7名尖端人才。基本形成了以袁隆平院士团队领军的、以盐碱地改良、植物生长模型建设、生命智慧研究等高层次人才为主的农业人才高地。

二是农业综合技术人才匮乏。一方面,涉农人才缺口较大,现有大多数农业从业者科技文化水平相对较低、对新技术接受力偏弱等制约了农业的发展。另一方面,在农业领域用工需求与人才供应不匹配现象尤为突出,互联网、农业大数据、数据分析等新技术、新业态类农业科技人才严重缺乏,懂现代农业技术、运营管理等具备综合素质的新农人缺口极大。人才供需出现失衡的情况越来越严重,阻碍了农业产业结构的升级发展。

三是农业劳动力老龄化、兼业化现象突出。据第七次全国人口普查数据显示,城阳区65岁以上人口比例为9.68%。实际调研走访发现,区域内现有农业从业者年龄在65岁以上的超过八成;除部分设施农业从业者、惜福镇及夏庄街道从业者依靠采摘农业收入相对较高外,其他街道农业种植收入微薄,农业劳动力收入来源主要为打工收入。

2. 农业经营主体

城阳区现有涉农龙头企业30家,其中省级企业8家,区级企业22家。此外,全区还有500多家家庭农场和农民专业合作社。

但实地调研发现,虽然城阳区有500余家庭农场、农民专业合作社,但一部分因资源优势有限、经营管理能力不足等原因,经营管理不善,无法正常运营。因此,全区在营的农业经营主体主要为家庭农场、农民专业合作社及一些大型的农民专业合作社。

现有的30家涉农龙头企业,其中13家为渔牧相关企业,17家为农业种植及相关二三产企业,主要集中于品种选育、农药、化肥、土壤调理剂及农产品深加工、萃取等领域(表5-3)。

表5-3 城阳区涉农龙头企业情况

序号	公司名称	主营业务
1	青岛红福集团有限公司	成立于1988年,以水产加工、贸易、养殖、海洋生物制品为主
2	青岛迎春乐食品有限公司	青岛市规模最大的液态奶加工营销企业

续表

序号	公司名称	主营业务
3	青岛海大生物集团有限公司	主营海洋生物制品、土壤调理剂、海状元有机肥
4	青岛波尼亚食品有限公司	科研、仔猪繁育、养殖宰杀、肉制品加工、食品配餐
5	青岛市城阳蔬菜水产品批发市场有限公司	主营水产、蔬菜、果品、副食品批发
6	青岛浩大实业有限公司	国家外经贸部授权,主营水产品、副食品、保健品出口
7	利和味道(青岛)食品产业股份有限公司	主营天然产物、海洋生物活性物质的超临界二氧化碳流体萃取及精细深加工,超临界二氧化碳天然产物萃取基地
8	青岛易邦生物工程有限公司	兽用生物制品
9	青岛德地得农化科技服务有限公司	全省农资经营行业龙头,主营农药、化肥、农膜
10	青岛大牧人机械股份有限公司	主营养殖设备制造
11	青岛青食有限公司	主营饼干等零食
12	青岛沃隆食品有限公司	沃隆每日坚果产品加工销售
13	青岛朝洋水产食品有限公司	主营水产蔬菜加工、出口
14	海利尔药业集团股份有限公司	主营各类农药研制、开发、生产、销售,国家定点企业,拥有世界TOP1烟碱类农药类生产基地
15	青岛海隆达生物科技有限公司	国内最大的葡萄籽油、葡多酚生产基地
16	青岛河套海洋渔业发展有限公司	海洋产品加工
17	青岛海科佳智能装备科技有限公司	面制品包装设备生产
18	青岛登海种业有限公司	新品种选育,上市公司
19	青岛君盛食品股份有限公司	主营挂面、面点
20	青岛康地恩动物药业有限公司	主营兽药、饲料添加剂
21	青岛浩源集团有限公司	鱼类、贝类、调味品
22	青岛普兴生物科技有限公司	主营蛋鸡、猪牛羊混合饲料
23	青岛蔚蓝生物制品有限公司	主营酶制剂、微生态、动物保健品研发及生产销售
24	爱乐水产(青岛)有限公司	生产批发进口鱼饲料及半成品
25	大多福食品(青岛)有限公司	日本多福株式会社,调味料
26	青岛坦福食品有限公司	主营冷冻海产品
27	青岛良木股份有限公司	主营木制品加工
28	青岛天成中药饮片有限公司	生产中药饮片
29	山东佳垦农业服务有限公司	中日合资企业,作物种植、农业栽培技术指导、草莓种植
30	青岛先优食品有限公司	生产加工速冻调理肉制品

四、农业重点项目

城阳区现有重点农业产业园或示范园 9 家,主要由合作社、民营企业运营,集中分布在夏庄街道、惜福镇街道、上马街道和棘洪滩街道。种植面积在 50～4 000 亩不等,主要农产品有茶类及果蔬产品,大力发展休闲采摘观光农业,吸引团体旅游,产品以线下销售为主。部分示范园配有现代化数字化装备,包括东崂茶园、鸿得源现代农业示范园、法海寺生态农业园、绿沃川农业等,可实现智能温室、环境监测、水肥一体智能灌溉等。物联网平台建设方面存在较大空白,大多数示范园无相关建设,部分建有物联网平台但并未投入使用,对实际生产运营发挥作用不大。

(1)青岛东崂茶业有限公司,位于青岛市城阳区惜福镇后金沟村,是民营企业"旅游观光园""山东省农业旅游示范点",种植面积约 50 亩,经济效益 10 万～20 万元/亩,主要农产品为绿茶、红茶,销售模式是线下销售,有固定客户和团体旅游销售,主要特色为"东崂""天岭山"牌绿茶,在文旅结合方面主要为采摘、科普等。

(2)青岛鸿德源现代农业示范园(曹村草莓专业合作社),位于青岛市城阳区夏庄街道西石沟村社区,是一家专业合作社,是"全国巾帼现代农业科技示范基地",种植面积 155 亩,经济效益 8 万～15 万元/亩。主要农产品有草莓、樱桃、番茄、桃子、葡萄、大枣、水果黄瓜、柿子等。

(3)青岛石沟寒露蜜桃种植基地,位于青岛市城阳区西石沟社区,是专业合作社,种植面积 500～600 亩,经济效益 60～75kg/棵、50 棵/亩,主要农产品为羊角蜜、寒露蜜,销售模式是团体旅游、休闲采摘和市区周边商户采购,主要特色为"羊角蜜"和"寒露蜜",在文旅结合方面主要靠旅游、采摘等。

(4)青岛生态农业园,位于青岛市城阳区夏庄街道源头社区,是农业专业合作社,上合组织专属基地,种植面积 300 亩,经济效益 360 多万元。其主要收入来自观光门票、采摘收入和定点销售。主要农产品有邦 69 番茄、叶儿三号、黄瓜、甜草莓和圣女果。销售模式为团体旅游、休闲采摘、市区周边商家购物。

(5)青岛云头谷茶业有限公司,位于山东省青岛市城阳区育红路,是一家民营企业,"山东省科普示范基地""青岛市科普示范基地""青岛市农产品加工龙头企业""青岛市科技示范基地""农民科技培训基地",种植面积 120 亩,经济效益 5 000～6 000kg/年,主要是从事酒、饮料和精制茶制造业。

(6)青岛山谷樱桃专业合作社位于青岛市城阳区夏庄街道山谷社区。是合作社性质,种植面积 4 400 余亩,经济效益 800 元/棵,主要农产品以樱桃、杏、板栗,猕猴桃等为主,养殖蜂类为中华蜂,中草药有黄芪、东北老虎牙、防风、刺五加,销售模式是团体旅游,休闲采摘,市区周边商户采购,主要特色为樱桃、中华蜂产品、中草药,在文旅结合方面靠周末休闲旅游及采摘节活动。

(7)青岛河崖樱株专业合作社,位于青岛市城阳区夏庄街道河崖社区,是合作社性质,种植面积 2 000 亩,经济效益 800 元/棵,主要农产品为樱桃、杏、地瓜、芋头,销售模式是团体旅游,休闲采摘,市区周边商户采购,主要特色为樱桃、杏,在文旅结合方面靠周末休游及采摘节活动。

（8）青岛绿沃川农业科技有限公司位于青岛市城阳区棘洪滩街道东毛家庄社区。公司种植草莓9亩、蔬菜23亩、项目整体占地100亩，后期拓建45～55亩。公司种植多种经济作物，带来显著效益，草莓产量100余吨/年，收益300万元；蔬菜产量400余吨/年，收益近1 000万元。主要农产品包括草莓、哈密瓜、茄子、生菜、油菜、小白菜等，销售模式以草莓采摘、商超销售为主，主要特色草莓品种为"圣诞红"，在文旅结合方面有草莓采摘活动。

（9）山东佳垦农业服务有限公司，位于青岛市上马街道辛屯社区，是农业企业；种植园"青岛市农业新技术试验示范基地"种植面积200亩；大棚占地50余亩。带动平度农户合作种植1 000亩，经济效益500万元/年，主要农产品为草莓、甜瓜，有13个草莓品种，销售模式是青岛商超、盒马生鲜＋采摘；通过农资服务和销售终端带动农户2 000户，在平度与政府合作，主要特色为"章姬（甜宝）"草莓，在文旅结合方面，商超为主，采摘占一小部分，有科教文旅合作案例。

五、一二三产融合发展情况

城阳区农业已经基本完成"新六产"布局，农业休闲、农产品电商等新兴产业优势明显，农村一二三产业初步实现交叉融合发展。

农产品生产与加工业相对较弱。区内农产品生产与加工类企业机构相对较少，主要涉及植物萃取、面食制作等。区域内产出的大宗农作物以樱桃、杏、蜜桃、葡萄、草莓及蔬菜等为主，多为生鲜果蔬，不耐存放，且大多被本地消费，基本不存在农产品深加工的需求，因此农产品生产与加工业相对集中于加工前期的农产品预冷、分拣、分级、包装等。

农产品市场流通产业发达。建设了青岛农产品交易物流仓储产业园，成功举办两届山东国际农产品交易会和五届青岛国际农产品交易会，共有800余家企业参加。城阳区蔬菜水果批发市场，具有36年的发展历史，现已成为保障城市供给的大型综合批发市场，蔬菜供应占青岛市蔬菜供应量的70%。目前市场面积60余万平方米，日人流量6万余人次，年交易额超200亿元，获得过"全国农产品批发市场十强""农业农村部定点批发市场"等十余项国家级及省级奖项。

农产品营销服务及平台建设形成亮点。影响力最大的是本土企业青岛响石网络科技有限公司运营的水果地图电商平台。平台整合青岛特色农产品资源，将樱桃、蜜杏等水果及其他生鲜农产品进行品牌化、标准化经营。平台年采购量达50万kg以上，通过各大中型批发市场、连锁品牌水果店、电商平台销往全国各地，带动了本地就业和创收。此外国内生鲜领域独角兽公司、生鲜优质移动电商——青岛每日优鲜电子商务有限公司，其总部项目落地青岛城阳，带动了青岛农业和食品产业升级。

农产品质量安全及品牌建设取得明显成效。制定并严格执行农产品定期抽查制度，定期对产地及销售方农产品进行定性定量检测，对不合格农产品及时采取下架措施，保证市场农产品合格率达98.5%以上。品牌建设方面，打造区域特色产品品牌，加强农产品核心竞争力，推出了东崂茶叶、山色峪樱桃、少山红杏、杠六九番茄等27个区域农业品牌产品，其中有国家地理标志农产品 3 个。

休闲农业发展势头迅猛。近几年，围绕都市农业发展，着力发展农业新产业，培育了都市驿站、共享农庄、中央厨房、观光公社等新业态，发展了 6 个有影响力的农业节会。城阳区东部的丘陵林果区，主要发展参与式体验农业，深入挖掘历史文化资源，以法海寺、童真宫、毛公山红色文化为切入点，大力推动文化旅游与都市农业旅游结合的新型特色旅游发展模式；中部的城市醇熟区，大力推进农产品现代化流通，依托属地各工业园区及城阳蔬菜水产品批发市场的物流优势，综合运用大数据、互联网等新一代信息技术，培育农产品销售服务平台，激励了大量农产品加工企业和农产品销售企业的进一步扩张西部生态开放区，充分结合区域特色，重点发展以桃源河湿地为主的特色休闲、生态林升级改造、滨海盐碱地水稻栽培改良示范工程。打造以"乡土情怀、稻花飘香"为主题的生态园区（表 5-4，表 5-5）。

表 5-4 城阳区休闲农业和乡村旅游示范单位

序号	名称	地址	主营业务
1	翠林云庄	棘洪滩街道	集教育、休闲、娱乐、度假及青少年研学旅行基地于一体
2	绿沃川	棘洪滩街道东毛社区	蔬菜、草莓
3	佳垦农业	上马街道	草莓采摘
4	青岛北岸生态农业专业合作社	上马街道下马社区	蔬菜、草莓采摘
5	鸿得源现代农业园	夏庄街道西石沟社区	蔬菜、草莓采摘
6	青岛红玉果蔬种植有限公司	夏庄街道史家泊社区	果树
7	青岛法海寺生态农业园	夏庄街道源头社区	果树、蔬菜
8	青岛河崖樱株专业合作社	夏庄街道河崖社区	果树
9	青岛南坡万康红杏专业合作社	夏庄街道南坡社区	果树
10	青岛南屋石红雨葡萄专业合作社	夏庄街道南屋石社区	果树
11	青岛鹏飞茶业有限公司	惜福镇街道东葛社区	茶叶
12	青岛山色山谷樱桃专业合作社	夏庄街道山色峪社区	果树
13	青岛少山红杏专业合作社	夏庄街道少山社区	果树
14	青岛市城阳区菜盛源蔬菜种植基地	夏庄街道郝家营社区	蔬菜
15	青岛童真宫葡萄专业合作社	惜福镇街道宫家村社区	果树
16	青岛石沟寒露蜜桃种植基地	夏庄街道西石沟社区	果树
17	青岛云头崮茶叶有限公司	夏庄街道云头崮社区	茶叶
18	青岛佳垦农业服务有限公司	上马街道辛屯社区	果树
19	青岛东崂茶业有限公司	惜福镇街道后金社区	茶叶
20	青岛贾营益民农业专业合作社	夏庄街道贾家营社区	蔬菜、水果
21	青岛浩冠蔬菜专业合作社	上马街道李仙庄社区	蔬菜

表 5-5 城阳区休闲农业和乡村旅游示范单位

序号	类别	单位
1	全国休闲农业与乡村旅游示范点	2012 年青岛城阳区山色（shui）峪樱桃专业合作社
2		2013 年青岛城阳区宫家巨峰葡萄生态观光园
3	全国休闲农业精品线路	2016 年春季赏花游：山色峪樱桃花→少山杏花
4		2016 年秋季采摘游：宫家葡萄采摘园→夏庄河崖秋收乐
5	全国休闲农业和乡村旅游精品景点	2017 年城阳区夏庄街道云头崮农业生态园区
6		2018 年城阳区羊毛沟花海
7	中国美丽休闲乡村	2015 年青岛市城阳区棉花社区
8		2018 年青岛城阳区惜福镇街道青峰社区
9		2019 青岛市城阳区夏庄街道上山色（shui）峪社区
10	全国"美丽乡村"创建试点乡村	青岛城阳区街道后田社区（2013 年）
11	山东省美丽休闲乡村	青岛城阳区南屋石社区（2016 年）
12	"美丽山东"乡村科普游基地	青岛鸿得源现代农业科技有限公司（2016）
13	山东省休闲农业和乡村旅游示范单位	青岛翠林云庄生态旅游文化发展有限公司（2019）
14		青岛市城阳区夏庄街道河崖社区（2020）
15	青岛市休闲农业和乡村旅游示范单位	2016 夏庄街道王家曹村社区（休闲农业和乡村旅游示范点）
16		2016 夏庄街道办事处山色峪樱桃花谷（美丽田园）
17		2017 城阳区上山色峪社区（美丽休闲乡村）
18		2017 青岛河崖樱株种植园（休闲农业和乡村旅游示范点）
19		2017 城阳区夏庄蜜蜂涧樱花谷（美丽田园）
20		2017 赵竹庆林木生态园家庭农场（十佳休闲农庄）
21		2018 青岛羊毛沟花海湿地文化产业有限公司、青岛法海禅寺乡村旅游合作社（休闲农业和乡村旅游示范点）
22		2018 城阳区惜福镇街道后金社区被评为青岛市美丽休闲乡村（精品路线）
23		2018 青岛翠林云庄生态旅游文化发展有限公司、青岛百福绿色农业开发有限公司被评为青岛市美丽田园（精品景点）
24		2018 青岛维农茶叶合作社、青岛草莓专业合作社被评为青岛市休闲农业精品园区（农庄）

综合来看，由于产业发展、资源条件等制约，当前城阳区农业发展仍然面临一系列瓶颈问题，主要表现为以下几个方面。

一是农业产业总体实力不强，高精尖程度低。全区生产总值中农业占比仅为 1.5%，农用耕地不集中成碎片化布局；农业结构急需优化，没有形成标准化、品牌化发展模式，智慧农业技术应用局限，对全区农业发展的提质增效作用尚未显现；三产没有深度融合，精细高品质农产品供给不足，农产品附加值较低，科技含量不高；农业文化旅游项目缺乏故事性，没有明确的市场定位，产品层次不高，农民专业合作社带动作用不强。

二是农产品品牌效应偏弱，产品附加值低。目前城阳区已经出现部分以"少山红杏""山色峪樱桃""杠六九番茄"、法海寺农园等为代表的地方特色农产品及观光园品牌。但总体看，局限在较小的区域范围内，消费群体、市场都比较狭窄，品牌附加值偏低，对外辐射力、影响力和拉动力都还不足。

三是缺少产业规划引领，产业融合度不高。综合国内外智慧农业现状及发展趋势，全区各农产品生产基地、农业园区农业智慧化技术普及率较低，嫁接改造力度不大，植入智慧农业元素的步伐不快，对智慧农业的培育和转型升级后劲不足。

四是现代农业技术人才匮乏。区内农业人口总量少，有意愿从事农业生产的人口更少，多为年龄偏大的农业从业者。现有农业从业者对于现代农业科技、现代农业运营整体处于较低的认知水平，具备现代化农业技术的专业人才较为匮乏。

第二节　城阳区智慧农业发展现状

"十三五"期间，在城阳区委区政府的大力支持下，城阳区规划了五大高地，推动城阳高质量发展，其中"智慧农业引领乡村产业振兴高地"成效显著。通过技术、人才、装备智能制造、土地数字化、智慧农业增值服务、融合发展、国际贸易七个方向，同时开展各项工作，为现代都市农业提质增效、高质量发展提供了有力支撑。

一、科技创新能力不断提高

培育了华为九天智慧农业全球联合创新中心、青岛九天智慧农业集团有限公司、青岛国际农业生命智慧谷、智能基因组育种平台等一批智慧农业相关创新主体和平台。建立乡村振兴的"城阳智库"，强化智慧农业关键核心技术，解决"瓶颈"技术难题。与华为在智慧农业领域达成战略合作，研发了海水稻物联网监控系统、农业"后土云"等多项成果，初步形成了以"九天芯"为核心的高端智能装备产业体系和智慧农业服务平台。2019年，全国首个智能基因组育种平台落户城阳区青岛农业国际生命智慧谷。通过不断发展，吸引了全球34家知名涉农企业入驻。

二、农业园区智能化建设稳步推进

充分发挥人工智能、大数据、物联网、5G通信、区块链等新一代信息技术的优势，在鸿得源现代农业示范园、崂茶园、法海寺生态农业园、绿沃川农业等一批农业园区开展进行了数字化改造，建设了基础物联网设备智能监控（温度、湿度监控自动报警自动调节）、水肥一体化、放风自动化等设施，农业生产智能化水平显著提升。万亩盐碱地稻作改良示范基地信息化程度应用较为深入，实现了大面积的高标准农业物联网建设，信息化与农业生产深度融合。基地使用无人机 4K 高清视频传送，摄像头采集田间监控视频、作物生长视频辅助农作物护养作业，农机无人驾驶、AR 农业生产远程诊断培训等 5G 创新应用已落地投入使用。在全市率先开展大田 5G 技术试点应用，获评山东省 5G 试点示范项目、青岛市智慧农业应用基地。

三、品牌农产品网络化经营成效显著

建成了青岛农产品交易物流仓储产业园和青岛市农产品（直播）电商产业基地，产地预冷、分拣、分级、包装等农产品预处理基础设施建设取得显著进展。在农产品线上销售端，越来越多新型农业经营主体开始运用互联网开展线上销售，青岛响石网络科技有限公司运营的水果地图电商平台年采货量 50 万 kg 以上，倒逼城阳蜜杏、葡萄等生鲜农产品进行标准化、品牌化、智能化生产；每日优鲜逐步发展成国内优质生鲜移动电商，成为生鲜领域的独角兽公司，带动农业和食品产业升级。

四、形成三区共振的智慧农业发展格局

东部打造了休闲农业示范区，推出了"东崂茶叶""山色峪樱桃""杠六九西红柿""少山红杏"等 27 个区域农业品牌，"东崂"牌茶叶被推荐为"青岛农品"品牌；中部打造了输出农业的创新区，创建了青岛国际农业生命智慧谷，在智慧谷正式落地之后至今招引了 40 多家与农业相关企业签订合约正式创立，包括荷兰瑞克斯旺（中国）种业公司、山东登海种业集团、科拓恒通乳酸菌开发研究院项目等。2019 年国内首个"智能基因组育种平台"落户智慧谷，为推动智慧农业高质量发展注入新的动力；西部打造智慧农业发展引领区，上万亩海水稻示范基地测产成功，亩产再创新高，示范效应凸显；华为智慧农业物联网产业园一期主体封顶；签约多名国内智慧农业领域知名专家，初步形成以袁隆平、赵春江两位院士合作，盐碱地改良、植物生长模型建设等高层次人才参与的人才高地。

五、建设了国家级的智慧农业平台

在中国科协的指导和青岛市科协的协调下，与中国农业工程学会、中国产学研合作促进会及多家高校科研院所，构建了协同合作的开放型智慧农业平台。

六、智慧农业创新高地

在智慧农机、精准化种植、可视化管理和智能化操控等领域加强技术支撑，加强在农业智能化方向的投入和扶持，将新一代信息技术的大数据、图像识别、人工智能等技术引入智慧农业建设，打造跨专业、跨领域的产业模式，既迎合新农业的数字化信息化发展，又和传统农业种植技术结合，推动产业改革和技术变革。

七、筹备建设智慧农业领域的新型研发机构

计划建设山东产研数字农业研究院城阳分院，以"政产学研金医"一体化发展为目标，打造创新创业社区示范工程。重点聚焦五大方向，一是以"空天技术+器组件+信息智能+数据+产业应用"为方向，打造空天地一体化数字农业展示应用场景；二是以"智能技术+制造+芯片与传感器+软件+数据"为核心，推动智慧畜牧技术输出和智能农机产品输出；三是以"益生菌产业化"为突破，以"万罐计划"为载体，抢占益生菌代替抗生素行业制高点；四是以"农业走出去"为目标，打造"青岛农产品出口总部基地"，开拓数字农业技术、设备和农副产品国际市场、打造北方食品采购基地、建设智能冷链物流；五是以"科研为引领、产业为导向"，搭建"政产学研金服用"一体化的综合服务平台，整合人才、资金、技术、市场、产业等资源，培育产业、培养企业、培植税源，促进教学、科研和区域经济统筹发展；六是以"特种食品"为保障，打造"青岛特种食品产业园区"，建设一流食品保障研发体系，提供人才智力支持和产业战略咨询，探索军民深度融合的发展新路。

第三节 "海水稻"智慧农业项目案例

一、海水稻项目概况

2012年，袁隆平院士在青岛组建了青岛海水稻团队，团队将耐盐碱水稻的研发与推广作为工作重心，以袁隆平院士"亿亩荒滩变良田"的科学情怀为愿景，以自有六大研发平台为科研支撑，以产业园和生态圈为业务载体，成为现代农业全域综合发展的龙头企业。队伍的目标是给中国添增1亿亩良田，向世界普及10亿亩杂交水稻。队伍以乡村振兴为主要目标，以现代农业全面发展为目标，通过海水稻、土地改良、智能农业服务、三产融合，为农业产业发展提供新方向、新空间、新动能、新模式。

依托团队核心技术"四维提升盐碱地盐碱地智慧农业"和团队生态建设下的产业资源聚合，打造从海水稻品种研发、高标准农田建设、土地复垦到规模化种植经营、智慧农业、海水稻及其深加工产品品牌的全流程水稻产业链。通过技术赋能，提升农业价值来持续运营带动地区经济振兴。

2016年团队正式开始耐盐碱水稻的研发，经过多年试验与技术攻关，海水稻产量从最初的亩产平均200余千克增加到目前亩产平均400余千克，产量提升1倍。截至2020年，团队在全国10个地方种植10万亩海水稻，最高亩产400kg；建立国家耐盐碱水稻种质资源库，拥有2 000多种质资源；建立了国家耐盐碱水稻技术创新中心、华为九天智慧农业全球联合创新中心、智慧农业创新联合体、中国海水稻产业协同创新平台等4个国家级平台、3个省级平台、6个市级平台；创建了全中国独一无二的耐盐碱水稻区域试

验合作组。在合作组的工作下，种植了数个耐盐碱水稻品种，在这之中有4个品种通过了国家级别的审查评定。国家领导人非常重视青岛耐盐水稻相关工作。2018年，习近平总书记的新年贺词特别提到了海水稻测产；在2018年的两院院士大会上，习近平总书记再次提到海水稻，他指出，我国海水稻在全世界范围内都处于领先地位。

海水稻研究团队充分发挥新兴农业技术号召力，推动高层次专家及平台资源服务农业基层，搭建乡村振兴的海水稻模式。通过耐盐碱水稻品种选育和配套种植植保技术体系，围绕海水稻产业链，与九天华为智慧农业全球联合创新中心高效合作，共同研发升级碱地稻作改良技术，实施智慧农业，开展耕种管服，通过第三方海水稻订单农业生产，引入阿里、永辉等新零售渠道，借助互联网新媒体销售产品，因地制宜建立新模式，极大带动各地区农业转型升级，助力当地乡村振兴模式建立。

二、海水稻团队助力打造"智慧农业城阳模式"

身为中国海水稻产业的研制开发和推展中心，城阳区依托区域资源优势，在国内率先开展智慧农业及万亩盐碱地耕地占补平衡业务，并成为样板项目。经过多年发展，现在已经形成以"沿海地区耕地补充"为核心业务特色的城阳模式。

20世纪60年代，受气候等因素影响，海水倒灌，城阳有13 800亩的良田变成了一片荒芜的盐碱地。2017年开始，袁隆平院士的科研队伍在这处盐碱地安家，针对这片土地实施水稻作物的改造培育，同时一步步建立除了"土地改良+智慧农业+乡村振兴"的地区开发新型范式，围绕技术、人才、装备智造三大领域进行攻关，建成国家级滨海盐碱地稻作改良示范基地。目前完成改良的5 000亩盐碱地中，800亩土地已经完成耕地指标交易入库，另外3 000亩即将入库，曾经寸草不生的盐碱地，现已变身良田。

三、技术研发与资源整合

推进耐盐水稻品种研发，首批品种已通过审定。种子是现代农业的"芯片"，耐盐水稻品种的研发具有重要意义。袁隆平院士的青岛海水稻研究团队通过多年的不断研发，建立了耐盐碱水稻资源库，同时通过建立标准，确定了育种材料的筛选方法。根据筛选方法，结合不同地区、不同生态条件和市场需求，通过航天育种、远缘杂交、化学诱变和分子标记辅助育种等手段育成了一批水稻品种。团队带领18个单位成立的耐盐（耐碱）水稻国家区域试验合作组，在4个试验组34个试点同步开展试验。累计对118个品系进行了1 280次区域试验以及855次抗性鉴定。截至2021年底，经过两年小区试验、1年生产试验，已有8个耐盐籼稻品种通过国家审定。

推进盐碱地改良技术研发，"四维改良法"已广泛应用。在良种先行的基础上，团队研发了一套"四维改良法"，配以良种、良法，真正做到了稳产增收。"四维改良法"是一种创新的技术集成体系，旨在改良盐碱地。该方法由青岛九天智慧农业集团有限公司和华为公司合作开发。通过物联网系统、土壤定向调节剂、植物生长调节剂和抗逆作物四维要素四个要素对盐碱地进行改良。最后良种和良法结合生成良田，形成良态，突破单一要素的局限性，高效解决盐碱地无法生产作物的问题。

一维要素物联网系统，采用国际领先的微型环境理化因子传感器与NB-I，通过物联网技术采集地下灌排管网与传感器信息，结合大数据技术对采集数据进行高效分析；二维要素通过施用新型土壤定向调节剂，结合一维分析结果，针对不同土壤特点，可控地增加或减少土壤盐含量和酸碱值、增加孔隙体积占岩样体积的比例、减少土壤板结的程度，同时提高NPK利用率、减少化肥施用；三维要素施用植物生长调节素，增加土壤中微生物的新陈代谢和活动能力，增加农作物抵抗不利环境的性状，促进作物生长，提高农作物的产量及品质；四维种植以耐盐碱水稻为主的抗逆性作物，阻隔地下水蒸腾，将盐分淋洗下移，不反盐。四维要素根据不同区域、不同地质环境可因地制宜更改调节，以达到通过改善土壤品质提高生态及经济效益的作用。

该技术首次在盐碱地改良中引入物联网技术，实现数字化改良，可有效降低土壤中的盐分、酸碱、重金属和残留农药含量，经过改良的土地不会发生盐分次生化、再释放和转移，能够有效根治土壤返盐问题，当年可实现水稻亩产量300多千克，节约30%农业用水、50%的土壤改良时间。目前已在新疆、内蒙古等10多个土壤改良项目中使用，改良不同类型盐碱地5万多亩。在全国改良的近百万亩土地中，水稻产量平均值已达400kg左右。此外，海水稻通过国际推广，已在阿联酋迪拜进行了种植并且获得了亩产平均400kg以上的优异成绩。

"四维改良法"在改良贫瘠土地上有非常好的效果，且适用范围比较大，能够应用在内陆盐碱地、沿海地区、重金属污染地、农药残留地等不具备让农产品正常生长的恶劣土地上，能够明显改善贫瘠土地在盐分、肥力、淡水、土壤结构等问题。当前，我国有大约15亿亩盐碱地，其中有20%左右具备农业生产的条件。基于耐盐碱水稻，进行盐碱地、低效耕地等土地高效利用，可同时解决种子和耕地的问题，实现藏粮于地、藏粮于技。在全球范围内大约有150亿亩盐碱地，依托国家"一带一路"倡议，耐盐碱水稻+"四维改良法"产业走出去，也能够在一定程度上保障国际粮食安全，助力国际命运共同体的构建。

搭建系列技术支撑平台，推动海水稻技术平台落地。建设了2个国家级平台和1个创新中心，分别为国家耐盐碱水稻技术创新中心产业化中心、智慧农业创新联合体和华为九天智慧农业全球联合创新中心。国家耐盐碱水稻技术创新中心产业化中心拟建成国家级创新示范项目，通过将耐盐碱水稻技术的资源进行产业转化，将城阳区打造成全国耐盐碱作物的产业推广中心和营销中心，为农业关键种源、技术和盐碱地种植模式的输出强根基、树典型；智慧农业创新联合体是在中国产学研合作促进会的指导下，由中国农业工程学会和中国农业机械学会共同发起成立的机构，该机构致力于海稻的研究以及推广海稻的产业化，通过智慧农业创新平台提供科技创新的外部智慧保障和源泉；由华为九天智慧农业全球联合创新中心开发和建设的基于九天芯和后土云的智慧农业服务平台和现代农业高端只能装备体系及其应用的全套解决方案，很好地解决了技术落地的问题。并将为智慧农业产业园相关产业输出提供技术服务与装备设施服务。

发起"十百千"工程，全面推进海水稻产业化。2020年袁隆平院士发起"十百千"工程。通过对外投资建设运营现代农业产业园的方式，在内蒙古、新疆、青海等各地开展行动，对未利用地、低效耕地、撂荒耕地统一进行集约化改造，为当地农村农业的发展提供大量技术支持，响应了国家的乡村振兴战略，为农民的脱贫致富贡献自己的力量。并且积累了相关耕地指标资源。2020年在全国推广基于全产业链模式的海水稻10万亩，签约具备改造潜力的土地100万亩，储备以盐碱地为核心的现代农业产业园区土地600万亩。目前已与正大集团、雷沃集团、中联重工、阿里、京东、抖音等达成多方面战略合作，并将社会资本引入盐碱地改良市场。

海水稻产业化对保障粮食安全、助力乡村振兴、促进经济稳定发展意义重大。一方面，利用海水稻进行盐碱地等未利用地的开发，并以现代农业产业园模式持续运营，不但补充耕地资源，还将保障新增耕地的稳定性，实现稳产增产，助力乡村振兴，保障国家粮食安全；另一方面，结合国家跨省域补充耕地政策，通过土地指标交易，将有效缓解东部发达地区耕地占补平衡指标压力，增加重大建设项目可扩展用地空间，助力西部地区实现乡村振兴，经济实现稳定发展。

目前海水稻技术及运营模式已在国内外十余个特征地域进行大面积示范与推广，包括我国山东东营、陕西延安、新疆喀什、新疆阿克陶、浙江温州、黑龙江大庆以及阿联酋迪拜等，总面积达10万亩，平均亩产超400kg。

第四节 城阳区智慧农业发展规划探索

城阳区处于青岛市地理几何中心，是青岛主城区之一，区域综合竞争力保持全省区县前列。农业发展基础较为优越，农业特色化、数字化建设不断加快，农产品品牌价值持续上升，全区现代农业开始高质量快速发展。但由于城阳耕地整体呈现资源少、面积小、分布零散，农村劳动力人口老龄化日益严重，农业机械化普及率不高，制约了城阳区农业现代化智能化发展。

为探索发展新路，为加快推进城阳区智慧农业和技术更新，城阳区高瞻远瞩紧跟时代潮流，结合国内外智慧农业发展趋势和全区农业发展现状，依托袁隆平院士、赵春江院士团队、生命智慧谷及相关智慧农业企业编制了《城阳区智慧农业发展规划》。明确了"十四五"期间城阳区智慧农业的发展基础、指导思想、基本原则、目标定位、规划布局、主要任务、重点工程和保障措施，是指导城阳区智慧农业产业快速发展的纲领性文件。规划从搭建智慧农业创新平台、构建基础数据资源体系、推动生产经营智慧化升级及完善综合服务保障体系四个方向明确了智慧农业发展的主要任务；从智慧农业科技创新、智慧农业示范、智慧农业社会化服务体系建设三个领域明确了智慧农业发展的重点工程；从强化组织协调、加强政策保障、强化人才支撑、营造良好氛围等方面提出了保障规划实施的具体措施。

城阳区通过"摸着石头过河"的方式，初步建立起符合城阳区农业实际，具有前瞻性、科学性、可行性的智慧农业发展规划编制路径，初步形成了一套完备的规划编制方法论。本节重点对规划编制思路及实施策略进行简要介绍。

一、规划思路

通过对城阳区农业现状特征、存在问题和规划需求的分析，确定城阳区智慧农业规划亟须解决的主要问题，包括农业产业高精尖程度偏低、农产品品牌效应偏弱、现代农业技术人才匮乏和一二三产融合度不高等。因此，规划坚持以创新驱动、智慧引领为基本理念，以因地制宜、突出特色、协同发展、梯次推进、政府引导、市场主导为基本原则，定位为智慧农业科技创新高地、应用示范高地和技术输出高地，使智慧农业逐步成为城阳区都市现代农业的主要业态，有效推动都市现代农业高质量发展。

为实现上述目标，结合实际现状，城阳区提出了智慧农业发展规划编制的技术路线，路线涵盖了以下内容：

1. 识基础，摸清现状

通过对区域的农业生产基础、农业科技创新基础、农业从业者与经营主体、农业重点项目、一二三产融合发展、乡村建设等基础条件的深入调研分析，充分认识农业发展现状。

安排专业团队对区域农业发展现状展开深入调研。按照线上和线下两部分同步进行。线上调研，包括数据资料的调研，调研对象主要是农业农村局、统计局、大数据局等各政府部门，通过函调或电话进行访谈。

调研分组铺开，采用统一的调研工具、操作规范，对农业示范园区、重点项目及代表性农村合作社调研完成率实现80%以上，基础数据准确率达到100%，调研结束后，按照类别输出调研分析报告，完成遥感图片和农作物分布区域图纸绘制，最后汇总形成全区农业发展现状调研报告。

2. 辨问题，明确定位

通过对现状农业生产基础、农业科技创新基础、农业从业者与经营主体、农业重点项目、一二三产融合发展、乡村建设等问题的分析，确定城阳区智慧农业的建设重点以及要解决的重点问题和待规划的重点内容。

通过对农业发展现状进行深入调研分析，发现城阳区农业发展面临一系列瓶颈问题。一是耕地资源少、面积小、分布零散，不利于大型农业智能机械规模化作业；二是当前农业从业人员的老龄化趋势明显，知识水平也相对较低，智慧农业专业技术和应用人才缺乏；三是智慧农业技术应用的覆盖面还较小，没有充分发挥新一代信息技术对农业发展的引领作用。

为突破城阳区耕地资源匮乏的困境，解决农业从业者老龄化、智慧农业技术应用的覆盖面较小等系列问题，城阳区智慧农业发展需另辟蹊径。依托良好的区位优势、科技支撑以及都市现代农业发展基础，城阳区智慧农业决定走"科技创新、应用示范和技术输出"之路。

城阳区定位为智慧农业科技创新高地，聚焦现代农业信息技术与高端智能装备，着力生命体感知、智能控制、作物生长模型和农业大数据分析挖掘研究，提升区域智慧农业自主创新能力；重点打造一个智慧农业实际应用的示范点，持续推进物联网技术、人工智能、云计算、大数据等高新技术的推广和应用，加快高端智能农机具应用示范，为其他地区应用智慧农业做好带头作用。定位智能农业技术输出高地，进一步完善研发产业链，将农业领域的高精尖设备的制造、创新应用区块链技术、智能化的信息服务、农用无人机和植保装备等多个产业融合起来，打通商业化运用服务模式，培育一批知识密集型智慧农业企业，强化技术应用体系和商业模式推广应用，打造省级智慧农业技术输出中心，建设"农业走出去"总部基地。

3. 定目标，锁定任务

根据城阳区智慧农业发展所要解决的问题，有针对性地确定发展目标，到2025年，智慧农业逐步成为都市现代农业的主要业态。农业农村数据采集体系建立健全，基础数据资源体系和大数据中心基本建成。科技创新平台研发能力持续提升，持续推进物联网技术、大数据技术、云计算技术、5G技术等高新技术在农业中的应用，让新技术与农业生产的产业链深度融合，发生化学反应，不断完善智慧农业的理论体系和实际应用的经验，提高管理数据化、在线服务化、生产智能化、运营网络化水平。有效推动都市现代农业高质量发展。

从总体规划层面对主要任务进行宏观锁定。任务一，搭建智慧农业创新平台，提升科技研发创新能力。进一步完善智慧农业科研创新体系，重视人才培养，加速高端人才引进，加速智慧农业核心技术的研发和创新能力，加速引进技术落地能力，打造一个由政府主导，产业、学术、科研、金融、服务、应用等领域高度一体的创新创业示范样例。任务二，构建基础数据资源体系，提升大数据应用服务能力。推动农业产业数字化，加快农业资源数据的整合共享和有序开放，推动农业数据产业化。完善农产品质量安全追溯、农药监管等应用系统。构建一个高度可控的网络化监控、全方位的产品质量追溯的智慧监管平台，为政府部门管理决策和各类市场主体生产经营活动提供支撑。任务三，推动生产经营智慧化升级，提升产业节本增效能力。任务四，完善综合服务保障体系，提升可持续发展能力。在农业信息服务、农业保险和人才培训领域持续发力，强化综合服务保障功能。

二、实施策略

为确保智慧农业规划方案的前瞻性、科学性与可行性，在规划文本编制实施过程中，编制组认真组织研究、形成了一套成型的实施策略。包括以下几个方面。

1. 总体布局策略

结合区域的涉农龙头企业、优势产业和自然资源、发展状态等特征，确定城阳区智慧农业建设空间布局，并布局重点工程。

三核，即青岛国际农业生命智慧谷、华为九天智慧农业全球联合创新中心和新建山东产研数字农业研究院;三区,即东部智能生产示范区、中部"政产学研金服用"融合示范区和西部新型业态培育示范区。

东部智能生产示范区。依托东部地区特色林果、蔬菜、花卉、茶叶等特色优势产业,强化物联网、智能农机具等应用,打造集实时感知、智能决策、自动控制、精准作业为一体的农业智能生产示范样板,提升生产智能化水平。

中部"政产学研金服用"融合示范区。依托山东产研数字农业研究院,以农业产业园区为载体,通过市场化运作,将数据、信息、人才、技术、资金与农业高度融合,打造智慧农业发展的全产业链新生态。

西部新型业态培育示范区。依托盐碱地水稻栽培改良基地和华为九天智慧农业联合创新中心,重点打造盐碱地水稻栽培体系智能化新业态发展模式,在"后土云"智慧农业物联网平台的基础上,建设一个信息服务中心和智慧农业数据中心,实现智慧农业产业的高端化和集群化,引领示范新型业态发展。

2. 团队配置策略

按照"配置完备、专职专用、博采众长"的原则,组建了城阳区智慧农业发展规划编制小组。

编制小组成员为固定人员专职专用,总人数 25 人,其中调研人员 12 人,专家顾问 8 人,文本撰写人员 5 人,清晰界定各成员职责和各阶段工作的主要内容,形成一个有机、高效的团队。

调研人员 12 人,具备丰富的调研经验,具有敏锐的信息捕捉能力,能在调研结束后 24h 内完成调研报告,最大化确保对城阳区农业发展现状调研的精准度。

专家顾问 8 人,包含智慧农业专家、产业规划专家、农业技术专家、战略规划专家、涉农产业链专家等,从技术可行性、经济合理性、产业战略可持续发展性方面进行指导和把关。其中熟悉城阳区农业产业发展情况的本地专家 4 位,确保规划符合城阳区农业发展实际,具有可执行性;全国领域的知名专家 4 位,确保规划的国际视野,保持前瞻性。

文本撰写人员 5 人,具备深厚的文字功底,熟悉规划文体风格,具备规划文本撰写项目经验,并与区农业农村局和相关部门进行周期性对接与不定时汇报和研讨工作,确保规划的整体思想能够与城阳区对农业未来的发展规划保持一致。针对规划中的经济效益、关键技术以及产业发展等内容,组织经济学专家、智慧农业专家、产业规划师等进行多次研讨,并充分听取专家的建议,进行多次汇总和修改。确保规划中的数据以及技术真实可行。

3. 全方位意见征询策略

规划初稿完成后,进行多层面、多角度的意见征询,确保方案具有前瞻性、科学性和可行性。首先向熟悉城阳区农业产业发展情况的专家组进行了 3 次汇报,根据专家反馈进行报告调整。其后,面向区发改委、区规划局、区农业农村局、区大数据局等部门进行了意见征询,听取反馈意见并落实修改。最后,重点面向农业农村局各科室负责同志、各街道负责人、各重点社区负责人进行意见征询，根据各方反馈意见进行多次调整，确保规划能够平稳落地。

三、规划实践总结

《城阳区智慧农业发展规划》是全国第一个县区级的智慧农业发展规划，是一次具有历史性、时代性意义的尝试，也是落实国家乡村振兴战略规划的重要举措。经过一年的广泛调研、规划布局、成果交流之后，总体上凝聚了各方的共识，有了初步的发展规划。从大局上看，城阳区智慧农业发展规划不求面面俱到，而是集中精力解决核心问题，全力以赴凝聚共识，形成行动举措，是以点破面的规划。

1. 坚持问题导向，重识发展机遇与挑战

基于区域农业发展现状深入调研，发现城阳区智慧农业发展具备领先优势，但也存在短板和不足，如耕地资源少、分布零散、农业从业人员老龄化、智慧农业专业技术和应用人才缺乏等，因此也面临着未来更高质量发展的挑战，智慧农业创新及应用水平亟待提升。

2. 坚持目标导向，形成共识的目标愿景

打造智慧农业科技创新高地、示范高地和技术输出高地是日本、荷兰、以色列等诸多农业资源匮乏型国家的共同选择，也是城阳区农业发展现状调研中呼声最高的目标方向。围绕目标布局重点任务，重点建设智慧农业创新平台，提升科技研发创新能力；构建基础数据资源体系，提升大数据应用服务能力；推动生产经营智慧化升级，提升产业节本增效能力；完善综合服务保障体系，提升可持续发展能力。

3. 坚持责任导向，推动共同编制、共同实施

规划编制上，组建了城阳区智慧农业发展规划工作领导小组以及由区农业农村局、区国土资源局等各局级部门及各街道组成的意见征询工作小组，共同参与规划编制。规划成果提交区常委办公会审议，经相关部门审查后，最终成果由区政府发文发布，各部门协调配合，共同实施。同时制定规划实施方案，细化落实措施，按计划、有步骤推进规划实施，形成规范化、制度化、常态化的工作格局，确保各项任务落到实处。

第五节　城阳区智慧农业实践经验总结

"十三五"时期，城阳区委、区政府高度关注智慧农业发展，依托袁隆平院士海水稻团队及相关专家人才，从顶层设计、保障支撑和项目带动等各方面，积极采取有效措施，加速推动智慧农业发展，为农业领域质量和效率的提高以及未来的高质量发展奠定了牢固的基础，主要经验总结如下。

一、实现路径

城阳区在传统农业转型升级中,坚定不移走智慧农业道路,全面推动"土地改良＋智慧农业＋乡村振兴"区域发展新模式的落地。主要从以下几个方面推进智慧农业发展。

1. 确立了"三核驱动、三区示范"的总体布局

三核为青岛国际农业生命智慧谷、华为九天智慧农业全球联合创新中心和山东产研数字农业研究院,三区为东部智能生产示范区、中部"政产学研金服用"融合示范区和西部新型业态培育示范区。依托东部地区特色林果、蔬菜、花卉、茶叶等特色优势产业,强化物联网、智能农机具等应用,打造集实时感知、智能决策、自动控制、精准作业为一体的农业智能生产示范样板,提升生产智能化水平;依托山东产研数字农业研究院,以农业产业园区为载体,通过市场化运作,将数据、信息、人才、技术、资金与农业高度融合,打造智慧农业发展的全产业链新生态;依托盐碱地水稻栽培改良基地和华为九天智慧农业联合创新中心,重点打造盐碱地水稻栽培系统智能化新业态发展模式,发展高端智慧农业装备产业,建设基于"后图云"的信息服务技术输出总部和智慧农业数据应用总部,引领示范新型业态发展。

2. 对全区智慧农业的产业发展进行统一的整体规划

依托袁隆平院士团队、赵春江院士团队、生命智慧谷及相关企业同理合作的成果,吸收全球智慧农业发展的先进经验,结合我区农业自身的特点,统一规划我区智慧农业的发展,明确了发展基础、指导思想、基本原则、目标定位、规划布局、主要任务、重点工程和保障措施,是指导城阳区智慧农业产业快速发展的纲领性文件。同时从搭建智慧农业创新平台、构建基础数据资源体系、推动生产经营智慧化升级及完善综合服务保障体系四个方向明确了智慧农业发展的主要任务;从智慧农业科技创新工程、智慧农业示范工程、智慧农业社会化服务体系建设工程三个领域明确了智慧农业发展的重点工程;从强化组织协调、加强政策保障、强化人才支撑、营造良好氛围等方面提出了保障规划实施的具体措施。

3. 推动了智慧农业园区建设

全区主要的农业园区通过开展农业物联网技术的嫁接改造工程,推进水肥一体化物联网系统的升级改造,实现用水、用肥高效化,完善了农业环境实时监控、电子商务系统、生产追溯系统等设备建设和物联网建设,与青岛市农委监控网络联网运行,园区环境和产品质量的监控管理得到进一步加强。同时依托智慧农业产业"三大高地、四大制高点",将智慧农业的创新成果、物联网平台和服务模式关联,并覆盖到全区农业生产、农品商贸、农旅科教以及数字农村示范建设等领域,促进各产业快速协调发展。"九天芯""后土云"平台持续为盐碱地改良和海水稻种植提供智慧赋能。"九天芯"目前已经应用到项目集成中,打造了基于"九天芯"的"数字化农田AI基站""农田数字化感知

终端"两款产品,专门服务于大田农业场景,已经在上马、潍坊、东营、格尔木、杭锦旗等项目进行了产品应用,取得了良好的经济效益。"后土云"平台获得2020年"青岛市科技进步二等奖";上马万亩盐碱地稻作改良示范基地被评为"2020年青岛市5G'十佳场景示范'"。

4. 打造了智慧农业"城阳模式"

布局并建设了3~5个具有城阳地域特点、产品特色和智慧农业特征的示范项目。组建高水平专家团队,围绕全区智慧农业产业发展现状及趋势,建立具有针对性的奖补政策,推进以石沟寒露蜜桃种植基地、东崂茶业、上山色峪中华蜂养殖基地等为代表的农业产业园、合作社快速发展。建设"阳光智慧农业会客厅"。加快整合我区智慧农业园区、示范基地、企业等相关要素,建设一个园(智能农业物联网产业园)、一个谷(青岛国际生活智慧谷)、一个中心(智能农业大数据中心)、一个基地(马尚万亩盐碱地水稻改良示范基地)、n个组织(整个农业园区涉农企业等企事业单位和团体)融合发展模式,打造我区"阳光智慧农业会客厅"。

5. 发展互联网农产品销售

企业利用自媒体传播等营销手段,取得了较好的销售业绩。公司的快速发展,发挥了农产品供应链的带动作用,促进了生产端的发展和农民、社区增收。

6. 支持社会化智慧农业服务发展

企业积极开展"互联网+农业科技综合服务",通过商学院培训、微教堂、农事预报等形式,积极推广绿色发展理念,科学合理使用农药,将销售与服务有机融合,直接服务于生产终端,拓宽服务模式,加快推进绿色生产,保护生态环境。

7. 加强全区智慧农业产业人才高地建设

加大智慧农业专门人才和高端人才的引进申报工作,积极协调推动区重点企业与"科创中国"和国家科研团队的联系合作,巩固好城阳区在智慧农业领域建设产业人才高地的成果。积极参与"科创中国"有关项目建设,由九天公司和海水稻研究发展中心推动成立的智慧农业创新联合体,目前已完成行业内专家交流3次;中国海水稻产业协同创新平台正式启动,并与中国数字乡村协同创新平台签订共建协议,共同推动耐盐碱水稻及智慧农业科技成果推广应用;打造智慧农业装备智造新高地。建设智慧农业产业生态,加快推进智慧农业物联网产业园区的落地,加快招商引资进程,高效发挥产业牵引作用。在智慧农业总部建设完毕之后,积极吸引海水稻生态圈上下游合作企业入驻,目前产业园已完成42家企业签约注册。

二、工作措施

城阳区为加速智慧农业发展,主要采取的措施为以下几项。

1. 高点站位

城阳区主要领导高度重视智慧农业发展，亲自谋划、亲自部署，将智慧农业作为农业发展的未来方向，确定了智慧农业在乡村振兴事业中的指导地位，制定了抢占《智慧农业发展高地作战计划》，持续指挥、科学部署。

2. 专班推进

组建智慧农业专线工作组，从农业农村局、自然资源局、住建局以及街道的工作人员，集中脱产办公，发起抢占全球智慧农业高地攻势。区级领导牵头，对智慧农业发展中遇到的困难和问题，及时进行研究解决，推动智慧农业发展。

3. 落实机制

研究制定了《抢占全球智慧农业产业高地作战计划》，围绕体制机制、设施建设、人才聚集、招商引资、产业发展等方面，制订时间表、路线图，梳理项目清单，挂图作战。对遇到的难点和堵点问题，采取"街道吹哨、部门报到"，明确要求，限时化解。

4. 压实责任

将智慧农业引领乡村振兴列为城阳区实施乡村振兴战略的重要举措，各级各有关部门都压实了责任，夯实目标任务，强化督查管理，始终保持目标清晰、标准明确、奖惩有据的优良工作状态，为其他各项工作的落地提供强有力的保障。

5. 做足保障

加大对上争取力度。积极争取上级政策支持，会同相关部门和海水稻团队向国家、省市科技、农业相关部门进行项目扶持申报并申请新的政策，认真做好智慧农业重大项目的有关申报工作；建立协同作战模式。畅通"绿色通道"服务，及时协调解决项目建设、工程推进等相关事宜。整合各方资源，完善合作攻坚机制，定期进行工作交流，打造高度融合协调的工作团队，持续发起新攻势；加强督查督导抓落实。强化责任意识，严格工作程序，注重协调沟通，实行现场督导，明确责任人、时间表、路线图、工期安排、带图工作，在工作的落实上严格把关；在社会的宣传和引导上，要开拓新渠道，持续增强宣传力度。在做好传统媒体宣传的基础上，充分利用互联网媒体的强大宣传力度，持续提升智慧农业的聚光效应。

参考文献

[1] 赵春江.智慧农业发展现状及战略目标研究[J].智慧农业，2019,1(1):1-7.

[2] 赵春江.坚持智慧农业与数字乡村建设统筹推进[J].农业机械，2021（6）：47.

[3] 温孚江.农业大数据研究的战略意义与协同机制[J].高等农业教育，2013（11）：4.

[4] 白雪妍.荷兰农业：突破资源瓶颈创造的奇迹[N].农民日报，2015-10-24（4）.

[5] 赵友森.欧洲的"菜园子"——荷兰农业的奇迹[J].北京农业，2013（34）：52-59.

[6] 闫燕，杨涛，王思雪.数字技术对德国农业生产的重要意义[J].超星期刊，2021（17）：48-49.

[7] 盛立强.以色列农业 OCS 制度对我国的启示[J].科学管理研究，2013（20）：49-52.

[8] 陈春良.荷兰、日本、以色列设施农业发展经验与政策启示[N].中国经济时报，2016-08-08（5）.

[9] 马懿，林靖，李晨，等.国内外农产品溯源系统研究现状综述[J].科技资讯，2011，（27）：158.

[10] 城阳区文化和旅游局.青岛市城阳区人民政府 2021 年政府信息公开工作年度报告 [EB/OL].2022-01. http://www.chengyang.gov.cn/zfxxgk/zfxxgkbg/lnbg/202203.

[11] 城阳区统计局.2020 年城阳区国民经济和社会发展统计公报 [EB/OL]. 2021-03. http://www.chengyang.gov.cn/n1/n6/n809/n812/n1040/210823142828918418.html.

[12] 城阳区统计局.2020 年城阳区统计年鉴 [EB/OL]. 2021-01. http://www.chengyang.gov.cn/n1/n6/n809/n812/n1040/210823142829715280.html.